U0416610

丝绸锦缎

古代纺织精品与布艺

肖东发 主编　戚光英 编著

中国出版集团
现代出版社

图书在版编目（CIP）数据

丝绸锦缎 / 戚光英编著. — 北京：现代出版社，
2014.11（2019.1重印）
（中华精神家园书系）
ISBN 978-7-5143-3047-2

Ⅰ. ①丝… Ⅱ. ①戚… Ⅲ. ①纺织工业－文化史－中国－古代 Ⅳ. ①TS1-092

中国版本图书馆CIP数据核字(2014)第244646号

丝绸锦缎：古代纺织精品与布艺

主　　编：肖东发
作　　者：戚光英
责任编辑：王敬一
出版发行：现代出版社
通信地址：北京市定安门外安华里504号
邮政编码：100011
电　　话：010-64267325 64245264（传真）
网　　址：www.1980xd.com
电子邮箱：xiandai@cnpitc.com.cn
印　　刷：固安县云鼎印刷有限公司
开　　本：710mm×1000mm　1/16
印　　张：9.75
版　　次：2015年4月第1版　2021年3月第4次印刷
书　　号：ISBN 978-7-5143-3047-2
定　　价：29.80元

党的十八大报告指出："文化是民族的血脉，是人民的精神家园。全面建成小康社会，实现中华民族伟大复兴，必须推动社会主义文化大发展大繁荣，兴起社会主义文化建设新高潮，提高国家文化软实力，发挥文化引领风尚、教育人民、服务社会、推动发展的作用。"

我国经过改革开放的历程，推进了民族振兴、国家富强、人民幸福的中国梦，推进了伟大复兴的历史进程。文化是立国之根，实现中国梦也是我国文化实现伟大复兴的过程，并最终体现为文化的发展繁荣。习近平指出，博大精深的中国优秀传统文化是我们在世界文化激荡中站稳脚跟的根基。中华文化源远流长，积淀着中华民族最深层的精神追求，代表着中华民族独特的精神标识，为中华民族生生不息、发展壮大提供了丰厚滋养。我们要认识中华文化的独特创造、价值理念、鲜明特色，增强文化自信和价值自信。

如今，我们正处在改革开放攻坚和经济发展的转型时期，面对世界各国形形色色的文化现象，面对各种眼花缭乱的现代传媒，我们要坚持文化自信，古为今用、洋为中用、推陈出新，有鉴别地加以对待，有扬弃地予以继承，传承和升华中华优秀传统文化，发展中国特色社会主义文化，增强国家文化软实力。

浩浩历史长河，熊熊文明薪火，中华文化源远流长，滚滚黄河、滔滔长江，是最直接的源头，这两大文化浪涛经过千百年冲刷洗礼和不断交流、融合以及沉淀，最终形成了求同存异、兼收并蓄的辉煌灿烂的中华文明，也是世界上唯一绵延不绝而从没中断的古老文化，并始终充满了生机与活力。

中华文化曾是东方文化摇篮，也是推动世界文明不断前行的动力之一。早在500年前，中华文化的四大发明催生了欧洲文艺复兴运动和地理大发现。中国四大发明先后传到西方，对于促进西方工业社会的形成和发展，曾起到了重要作用。

中华文化的力量，已经深深熔铸到我们的生命力、创造力和凝聚力中，是我们民族的基因。中华民族的精神，也已深深植根于绵延数千年的优秀文化传统之中，是我们的精神家园。

总之，中华文化博大精深，是中国各族人民五千年来创造、传承下来的物质文明和精神文明的总和，其内容包罗万象，浩若星汉，具有很强的文化纵深，蕴含丰富宝藏。我们要实现中华文化伟大复兴，首先要站在传统文化前沿，薪火相传，一脉相承，弘扬和发展五千年来优秀的、光明的、先进的、科学的、文明的和自豪的文化现象，融合古今中外一切文化精华，构建具有中国特色的现代民族文化，向世界和未来展示中华民族的文化力量、文化价值、文化形态与文化风采。

为此，在有关专家指导下，我们收集整理了大量古今资料和最新研究成果，特别编撰了本套大型书系。主要包括独具特色的语言文字、浩如烟海的文化典籍、名扬世界的科技工艺、异彩纷呈的文学艺术、充满智慧的中国哲学、完备而深刻的伦理道德、古风古韵的建筑遗存、深具内涵的自然名胜、悠久传承的历史文明，还有各具特色又相互交融的地域文化和民族文化等，充分显示了中华民族的厚重文化底蕴和强大民族凝聚力，具有极强的系统性、广博性和规模性。

本套书系的特点是全景展现，纵横捭阖，内容采取讲故事的方式进行叙述，语言通俗，明白晓畅，图文并茂，形象直观，古风古韵，格调高雅，具有很强的可读性、欣赏性、知识性和延伸性，能够让广大读者全面接触和感受中国文化的丰富内涵，增强中华儿女民族自尊心和文化自豪感，并能很好继承和弘扬中国文化，创造未来中国特色的先进民族文化。

2014年4月18日

美的源泉——丝行天下

嫘祖育蚕治丝的故事 002
古代蚕桑丝织业的发展 008
古代的蚕丝纺织技术 015
历代丝织品的典型特点 021
丝绸与纺织技艺的外传 040

华夏神韵——彩绸飞舞

052 蓬勃发展的汉代丝绸业
057 高度发达的唐宋丝绸
066 元明清丝绸业的发展
073 明清著名绸制品与工艺

中华一绝——锦绣辉煌

两汉时的织锦与刺绣 086
唐代经锦和纬锦的风采 092
两宋织锦与缂丝工艺 098
元代特色金锦纳石矢 105
明清时期的南京云锦 110
民族风格鲜明的壮锦 115

闪亮时代——缎映华光

120 古代缎类纺织的发展
124 传统缎织物品种及特点
129 清代织锦缎工艺的发展

多彩织品——麻棉布艺

古代绫绢纱罗绒丝织物 134
古代麻棉纺织业的发展 138
我国古代民间的布艺 144

美的源泉

丝行天下

人工养蚕、缫丝织绸是我国古代劳动人民的伟大创造，我国早在4700多年前就有了丝织品。我国丝织工艺以历史悠久、技术先进、制作精美著称于世。丝织物也称丝绸、绸缎，传统上指蚕丝织物，成为古代社会衣着、家居和装饰用品的主要原材料。

我国古代蚕丝织物主要有绢、纱、绮、绫、罗、锦、缎、缂丝等。从汉代开始，我国的丝织品和丝织技术就已经外传，世界上最古老的欧亚贸易通道被称为丝绸之路，充分反映了丝绸在古代贸易中占主导地位，且对人类历史文明进程产生了深远影响。

嫘祖育蚕治丝的故事

相传远古时候，黄帝战胜蚩尤后，建立了部落联盟，黄帝被推选为部落联盟首领。他带领大家发展生产，耕种五谷，驯养动物，冶炼铜铁，制造生产工具。至于做衣冠的事，就交给正妃嫘祖了。

■嫘祖塑像

嫘祖，又称雷祖、累祖，据说是西陵氏之女。她是黄帝正妃，古籍中有很多关于黄帝正妃西陵嫘祖的记述。据西汉史学家司马迁《史记·五帝本纪》记载：

黄帝居轩辕之丘，而娶于西陵之女，是为嫘祖。嫘祖为黄帝正妃。

嫘祖在做衣冠的过程中，与黄帝手下的另外3个官员进行了具体分工：胡巢负责做冕，冕就是帽子；於则负责做履，履就是鞋；伯余负责做衣服；嫘祖主要负责提供原料。

嫘祖经常带领妇女上山剥树皮，织麻网，她们还把男人们猎获的各种野兽的皮毛剥下来，进行加工。不长时间，各部落的大小首领都穿上了衣服和鞋，戴上了帽子。

■黄帝正妃嫘祖

有一天，嫘祖等几个女人商量，决定上山摘些野果回来给人们吃。她们一早就进山，跑遍了山山峁峁，摘了许多果子，可是用嘴一尝，不是涩的，便是酸的，都不可口。直到天快黑了，突然在一片桑树林里发现满树结着白色的小果。

嫘祖她们以为找到了好鲜果，就忙着去摘，谁也没顾得尝一口。等大家把筐子摘满后，天已渐渐黑了。她们怕山上有野兽，就匆匆忙忙下山。

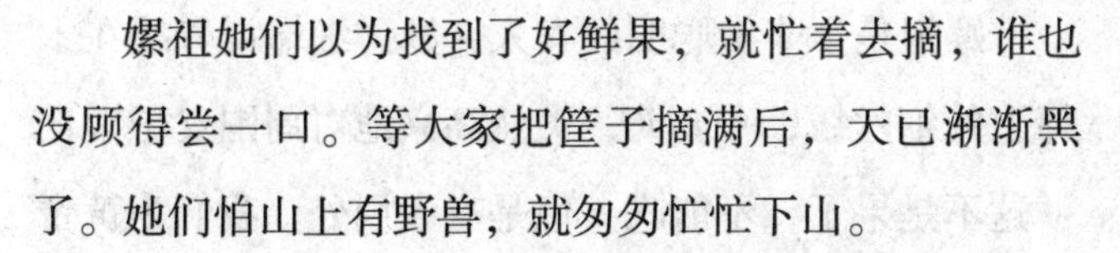

回来后，这些女子尝了尝白色小果，没有什么味道；又用牙咬了咬，怎么也咬不烂。大家你看我，我看你，谁也不知道是什么果子。

正在这时，嫘祖想出了一个办法，就对其他女人说：“现在咱们有火有锅，咬不烂就用水煮，看看它究竟怎样。”

嫘祖这么一说，立刻提醒了几个女子，她们连忙

西陵氏 河南西平是女娲、有蟜氏的裔族“西陵氏”的故乡。黄帝的正妃嫘祖就是西陵氏之女。大概直到商周时期这个部族仍居住在今河南西平一带。这就是“西平”本名西陵的根本原因。西平有西陵亭，在今西平县城西的师灵镇一带。

■蚕丝业祖师嫘祖剪纸画

把摘回的白色小果抓了一部分放进锅里，加上水用火煮起来。煮了好长时间，捞出一个用嘴一咬，还是咬不烂。

正当大家急得不知该怎么办的时候，嫘祖随手拿起一根木棍，伸进锅里搅动，然后又用棍往外捞。经过搅搅捞捞，结果白丝缠住了棍头。嫘祖觉着稀奇：这是什么东西？为什么捞出来的白条拉不断？

接着，嫘祖又把更多的白色小果放到热水锅里，继续搅动，其他女子也过来帮忙。就这样煮着、搅着，不大工夫，锅里的白色小果全部变成雪白的细丝线，看上去晶莹夺目，柔软异常。

嫘祖是个非常聪明的女人，她详细端详着缠在木棒上的细丝线，一会儿，突然高兴地对周围女子说：“这不是果子，不能吃，但是有大用处。我们为黄帝立了一大功！”

嫘祖决定：再次进山，看个究竟！很多女人也都愿意跟着她一起进山。

嫘祖她们在桑树林里观察了好几天，终于弄清了这种白色小果，原来是一种虫子口吐细丝缠绕而成的，并非树上结的果子。

看着这些浑身被白色丝线包裹的小虫，女人们问

桑树 落叶乔木或灌木，原产我国中部和北部。黄帝的正妃嫘祖曾经以桑叶为养蚕饲料。由于历代执政者重视“农桑并举”，以至于古人的衣、食、住、行几乎都离不开桑树。我国古代人民有在房前屋后栽种桑树和梓树的传统，因此常把“桑梓”代表故土、家乡。

嫘祖："这种东西，我们管它叫什么呢？"

嫘祖想了想说："这是万物主宰者上天赐给我们的礼物，上天降福于人，让我们利用它吐的丝做衣服鞋帽。依我看，就叫它'天虫'吧！"

女人们一听，都觉得这个名字真是好极了，忍不住齐声欢呼，山林里响起了女人们清脆的笑声。这个"天虫"就是后来的蚕，蚕结成的小圆球叫茧。

嫘祖回来后，立即把此事报告给黄帝，并请求黄帝下令保护山上所有的桑树。黄帝欣然同意。从此，在嫘祖的倡导下，先民们开始了"栽桑养蚕"的历史。

为了多抽些丝，嫘祖把这些天虫尽可能多地收回家中，放在院中的筐篮里，每天都要到桑林中摘最好的桑叶喂它们。天虫爬满了桑叶，在桑叶上啃吃着。时间一天天过去，天虫渐渐长大，一个个十分饱满，最后吐出了缕缕银丝。

嫘祖也积极动员大家养天虫。别人见嫘祖养那么多天虫，然后抽丝，也学着养天虫抽丝，越养越多，丝也越抽越多。嫘祖把细细的天

黄帝穿朝服指挥战斗

虫丝拧成细线，织网捕鱼，别人也学着织网捕鱼，用网捕鱼比手抓快得多了。

后来，嫘祖又用天虫丝织成布，代替树叶、兽皮，穿在身上，又轻巧，又暖和，干活儿也方便。这时候，养天虫的人比以前更多了。

嫘祖把天虫丝织成布拿来敬献给黄帝，向他表示祝贺。黄帝从来没有见过如此漂亮而稀罕的东西，现在一见，非常高兴，忙吩咐正妃嫘祖，叫她用这丝来织绢。

嫘祖是心灵手巧的女人，没多久，她就织了一幅又轻又软的绢。随后，她又用绢给黄帝做了一套礼服和一顶礼帽；黄帝则把剩下的绢赐给了大臣伯余，伯余拿它做了一套衣裳。

嫘祖用天虫丝织布，揭开了我国丝织业的序幕。关于嫘祖养蚕缫丝的事迹，唐代著名韬略家、大诗人李白的老师赵蕤所题的唐代《嫘祖圣地碑》的碑文称：

> 嫘祖首创种桑养蚕之法，抽丝编绢之术，谏诤黄帝，旨定农桑，法制衣裳，兴嫁娶，尚礼仪，架宫室，奠国基，统一中原，弼政之功，殁世不忘。是以尊为先蚕。

螺祖育蚕、缫丝、织造的传说，反映了我国古代劳动人民长期实践的结果，自然不是“蚕神”赋予的。自从家蚕开始饲养之后，采桑、养蚕、织帛就成了我国古代劳动妇女一项重要的生产活动。

古代动物纹织物

蚕丝有“绿色黄金”和“钻石纤维”之美誉。在我国古代，执政者对蚕丝业与农耕业同样重视，常有“农桑并举”的记载。流传着“一妇不蚕，或受之寒”的俗语，反映了我国劳动人民对养蚕业的高度认识。蚕丝业的发展，还促进了我国古代对外通商和文化交流。

古代花鸟纹丝织物

自汉代开始，伴随着“丝绸之路”上悠扬的驼铃声，以“丝”为主的我国服饰及服饰文化被传到了遥远的西方。丝绸成为我国古代对外贸易的主要商品，并且在商品市场中占据着垄断地位，所以欧亚各国都争相购买，视为奢侈品。

嫘祖的一根蚕丝，连通了东方和西方两个世界；嫘祖织出的柔美的绸缎，让世界知道了古老而神秘的东方中国。人们为了纪念嫘祖这一功绩，将她尊称为“先蚕娘娘”，使之享誉海内外。

阅读链接

嫘祖不仅教人们养蚕缫丝，而且辅佐黄帝，巡视九州，为开创华夏基业，尽心竭力。终因积劳成疾而死，被葬于出巡途中的衡山岣嵝峰。

嫘祖的事迹被广泛记载于历代古籍之中。仅就西汉末礼学家戴德的《大戴礼记》和西汉史学家司马迁的《史记》的记载，夏、商、周三世帝王，春秋十二诸侯以及“战国七雄”的祖先，均属于黄帝与嫘祖的族系，一脉相承。因此，西陵之女嫘祖这位与黄帝并列的“人文初祖”，不愧是中华民族的伟大母亲。

古代蚕桑丝织业的发展

自从古人发明了植桑养蚕之后，我国古代丝织业开始出现并有了最初的发展。在夏商周时期，蚕桑业已经受到人们的广泛重视，至春秋战国时期，我国古代蚕桑业和丝织业有了进一步的发展。

考古发现说明，春秋战国时，黄河中下游地区蚕桑业已相当普遍。同时，长江流域的蜀国、楚国和吴国、越国都有蚕桑和丝织之业。

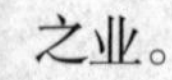

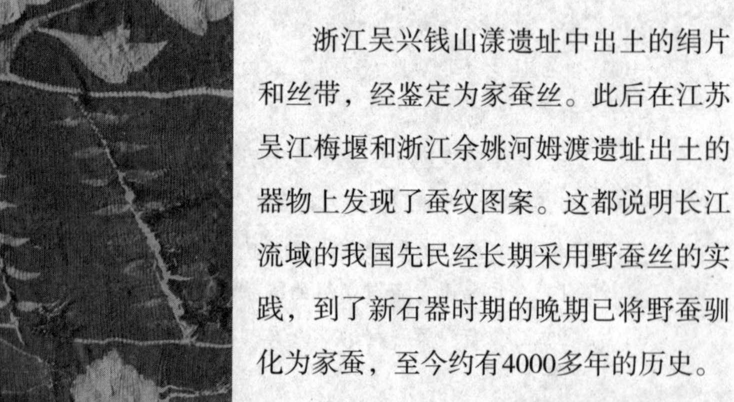

古代花卉纹丝织物

浙江吴兴钱山漾遗址中出土的绢片和丝带，经鉴定为家蚕丝。此后在江苏吴江梅堰和浙江余姚河姆渡遗址出土的器物上发现了蚕纹图案。这都说明长江流域的我国先民经长期采用野蚕丝的实践，到了新石器时期的晚期已将野蚕驯化为家蚕，至今约有4000多年的历史。

黄河流域至今尚无确凿的证据证明

■ 古代花卉纹丝绸残片

新石器时期已经有了蚕桑业，不过从种种迹象来看，黄河流域蚕桑业的起源也是很早的。

河南安阳殷墟出土过一只雕琢逼真的玉蚕，安阳武官村所发现的戈援上，残留着绢纹和绢帛。另外，甲骨文里已有了蚕、桑、丝、帛等象形字和祭祀蚕神的记载，说明在商代黄河流域已经有了相当发达的育蚕和丝织事业了。

至秦汉时期，全国各地蚕桑和丝织得到进一步发展，陆续形成了齐鲁地区、河南地区、楚国旧地和成都平原等几个主要丝绸产区。

齐鲁盛产蚕桑，《尚书·禹贡》中说青州贡有蚕丝。“厥篚檿丝”，意思是说，进贡的物品是筐装的柞蚕丝。古代青州的丝织物，是贡赋中的特产之一。

据《汉书·地理志》记载，早在战国时期，齐国的丝织品就已经举世闻名，“齐阴之缣”、“亢父之缣”均为名优产品。西汉时期设立的服官之地有两处，其一就是在齐国都城临淄，春冬夏三服官“做工各数千人，一岁费巨万”，产品以刺绣为主。

殷墟 商代后期都城遗址，位于河南安阳小屯村周围。是我国历史上第一个文献可考并为考古学和甲骨文所证实的都城遗址。殷墟的发现和发掘，确证了我国商王朝的存在，重新构建了我国古代早期历史的框架，使传统文献记载的商代历史成为信史。

■几何纹古代丝绸

河南地区的丝织业重心在襄邑至睢阳一带。襄邑就是后来的杞县，是西汉时期除齐城临淄外的另一处服官所在地。襄邑以织锦为主，有“襄邑俗织锦，纯妇无不巧”之说，专供宫廷皇室享用。

西汉初年，睢阳也出现了丝织业。睢阳就是后来的商丘。汉初的大将军灌婴，在跟随刘邦之前就是睢阳的一个贩卖丝织品的商人。

汉初的另一丝织品产地在今濮阳一带的卫国旧地。《诗·卫风·氓》说“抱布贸丝”，说明丝已作为商品进行贸易。《尚书·禹贡》中说兖州“桑土既蚕”，“厥贡漆丝，厥篚织文”。时人称濮阳为中原重要商业都会，当与丝织业有关。

楚国旧地在秦汉时期也出现了丝织业。在河南信阳、湖北江陵、湖南长沙诸地的楚墓中出土了不少质地良好的丝织品。

比如，1957年，长沙左家塘战国楚墓中发现的一批丝织品，包括各种颜色的绢和纹样繁复的纹锦；1972年，长沙马王堆汉墓出土了一件素纱蝉衣，薄如蝉翼，同时出土的还有绣袍和彩帛，证明战国时期的丝织工艺水平已达到惊人的程度。

服官 泛指主制御服的官员。西汉时期在齐郡临淄和陈留郡襄邑两县设置。临淄主要产品为纨縠，陈留为锦缎，主要供宫廷服用。主管有长及丞，又临淄服官，也称三服官，以供织春、夏、冬三季衣料而得名。西汉时期开始设置服官，当时的丝织业已有很大发展。

成都平原著名的产品是蜀锦。葛洪的《西京杂记》载，汉成帝曾下令益州留下三年税赋，为宫廷织造七成锦帐，以沉水香饰之。东汉时，成都城内有锦官城，以贮存锦。城内锦江即以濯洗蜀锦而得名。

丝织业的发展，有赖于桑树种植面积的扩大。两汉时期，桑树种植的北界大致在泾渭河中游、山西中部和河北北部永定河流域。

自魏晋开始，南北地区经济、文化交流的加强，驱动桑树种植地域的扩大。东晋末年，平州刺史慕容廆向朝廷要求种桑，于是在辽河流域开始种植桑树。北魏时期，在延水河谷和银川平原的黄河沙洲上都有桑林分布。延水就是后来的洋河，是桑乾河上游的两大支流之一，属于海河流域。

东汉以后种植桑树除养蚕外，还有解决饥困的作用。东汉末年，曹操、袁绍、刘备都曾以桑椹为军粮，但主要还是育蚕。例如河北地区种植大批桑树，蚕丝业也十分发达。

桑树种植面积的扩大，促进了丝织业的发展。东汉末年，封建国家开始按户抽调。所谓户调，即以绢、绵为征收对象。204年，政府令河北地区居民“户出绢三匹，绵二斤”。此后历魏晋至隋唐，历代政府都实

蜀锦 又称蜀江锦，是指起源于战国时期四川成都所出产的锦类丝织品，有2000多年的历史，是一种具有汉民族特色和地方风格的多彩织锦。它与南京的云锦、苏州的宋锦、广西的壮锦一起，并称为我国的“四大名锦”，并且具有“四大名锦”之首的美誉，由于其年代久远、工艺独特而被后人誉为“东方瑰宝，中华一绝”。

■马王堆素纱蝉衣

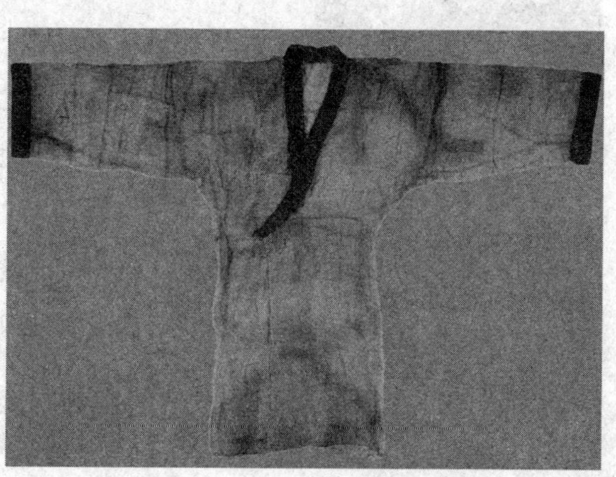

行户调制，由此可见，丝织业已成为古代非常普遍的家庭手工业。

户调制 我国古代封建社会按户征收丝织品的制度，起始于东汉末年。200年，曹操在兖、豫两州征收户调，征收物为绵、绢。204年正式颁布户调令，规定每户征收绢2匹、绵2斤。这是历史上首次颁布的户调制度。户调的实行，取代了汉朝以来的算赋和口赋，从此与田租一起成为国家的正式赋税。

魏晋南北朝时黄河流域的丝织业，最发达的是河北地区。清河的缣、总，房子的绵、纩，朝歌的罗绮，均为上品。清河就是后来的河北清河，总是绢的一种，房子就是后来的河北高邑，纩是一种丝绵，朝歌就是后来的河北淇县。

河北其他地方如巨鹿、赵郡、中山、常山等郡出产的缣，也为人们所称道。北魏统一北方，太和年间规定黄河流域19州贡绵、绢、丝，可见当时黄河流域的丝织手工业十分普遍。

长江流域丝织技术虽不如黄河流域，但蜀锦负有盛名。诸葛亮说，蜀汉“民贫国虚，决敌之资，惟仰锦耳”。当时江东尚未有锦，河北所产又不及蜀锦，故魏、吴两国都从蜀汉输入蜀锦。刘禅降魏时国库中尚有锦绮绢各20万匹，可见不论在产量或质量上，蜀锦在全国丝织品中均首屈一指。

■唐代罗地花残片

唐代丝织品主要产区在河北、河南、江南、剑南四道。大体上为河北、河南、山东三省和淮河流域苏、皖地区。另外，定州以产绫为主，越州临城以产纩为主。扬州以锦袍、锦被为贡品，越州以产绫、纱等丝织物著称。

唐代后期南方丝织业的逐渐兴起，与北方的先进技术南传有关。先秦以来蚕桑业一直比较发达的关中、河东地区，从唐代开始渐趋衰落。宋代以后，长江流域蚕桑业逐渐兴起。北方的河北、山东地区仍保持着一定的发展势头，河北、河南、山东养蚕业仍很发达。但就整个黄河流域而言已不及长江流域，其原因是多方面的。

金代酱地云鹤纹绵袍

女真入居黄河流域，当时的女真族的军事和社会组织单位不尚耕垦，桑树被大批砍伐，必然影响到育蚕事业。而北方战祸致使大量人口南移，使蚕桑纺织技术也随之南移，大大加强了南方丝织业的技术力量。

另外，当时西北陆路的“丝绸之路”阻塞，而南方的“海上丝绸之路”兴起，加强了对外交流，刺激了南方丝织业的发展，使长江流域尤其是太湖地区蚕桑、丝织业得到空前发展。

当时的建康、苏州、杭州，越州、成都等地，是南方丝织业中心。南宋临安城中出售南方各地的绮、绫、缎、锦，名目繁多，花色齐全。

联珠鹿纹锦

到了元代，黄河流域缫丝业和织造业已分化，农家多以育蚕缫丝为限。从元初大司农司编纂的综合性农书《农桑辑要》、元代农学家王祯的《王祯农书》记载来看，元代南方的育蚕、栽桑的饲养、培植技术都比北方先进，所产丝的质量也高。

至明代，明洪武年间朝廷规定，黄河流域数省的夏税绢数共7.4万余匹，比长江流域及其以南地区的21.4万余匹少了很多，这正是反映了元末北方蚕桑和丝织业衰落的情况。

明清时期，长江流域是全国蚕桑和丝织业最发达的地区，尤其是东南一带，植桑育蚕几乎是所有农户的副业。蚕桑业以浙江湖州为全国之首。各地商人均来湖州收购蚕丝，获利甚高，甚至当地农村出现以蚕桑为主的现象。

在苏州、杭州、嘉兴等为中心的长江下游地区，城镇居民皆习机业，并出现了一批以丝织业为主的集镇。如吴江震泽、盛泽及桐乡濮院等。长江上游成都蜀锦的地位渐被下游地区的产品所替代。

明清时期，就黄河流域丝织业总体水平而言，已不及长江流域，但也有一些著名的产地。如山西潞安府所产的潞绸，名闻海内。其他如河北饶阳的饶绸、关中的秦缎、河南的汴绸和汴绫，均曾享誉一时。

明清及其以后，对蚕桑业、丝织业发展有一定影响的是棉植业和棉织业的兴起。因为棉花比之蚕桑，“无采养之劳，有必收之效”，所以一部分丝绵为棉花所替代，一部分丝织品为棉布所替代。

阅读链接

蚕桑，即养蚕与种桑，是古代农业的重要支柱。蚕桑文化是汉文化的主体文化，与稻田文化一起标志着东亚农耕文明的成熟。中文里对丝绸的描述有绫、罗、绸、缎、帛、锦、绣、绮等多种概念，可见丝绸文化的高度发达。丝绸文化同汉文化中的农耕文化和瓷器文化则标志着我国古代社会进入了物质文明阶段。

蚕桑农业的发展，使我国的纺织业领先于世界数千年，为我国古代形成以峨冠博带、宽袍大袖为标志的传统服饰习俗奠定了物质基础。

古代的蚕丝纺织技术

我国古代的蚕丝在所有天然纤维中是最优良、最长、最纤细的纺织纤维，可以织制各种复杂花纹的面料。蚕丝纤维的广泛利用，大大地促进了我国古代纺织工艺和纺织机械的进步，从而使丝织生产技术成为我国古代最具特色和代表性的纺织技术。

蚕丝是由蚕茧中抽出，成为织绸的原料。一颗蚕茧可抽出约1000米长的茧丝，若干根茧丝合并成为生丝。生丝经加工后分成经线和纬线，并按一定的组织规律相互交织形成丝织物，就是织造工艺。

古代纺织图

我国是世界上最早发明丝织技术的国家，并且作为技术发明，采取了有

■彩砖上所绘有的采桑女

效的保密措施。因此，在很长一段历史时期内，我国是世界上唯一能够制造丝织品的国家。

丝织技术非常细致，生产工序十分复杂，其中最重要的是缫丝、练丝、穿筘、穿综、装造和结花本。缫丝是将蚕茧抽出蚕丝的工艺，这是制造丝织物的头一道准备工序，是指松解蚕茧和抽引蚕丝。

未经处理的蚕丝都附有一定的杂质，主要的是丝胶，如果不适当清除掉，也就不能得到合用的蚕丝，不能使蚕丝显现出它特有的柔软细长和光泽的特点。我国从一开始利用蚕丝，就采用一定的松解和抽引的方法。

丝胶 主要是构成蚕丝纤维外层组织的蛋白质。蚕丝由两根单丝组成，其主体为丝朊，外层包裹丝胶。丝胶对包裹在其内部的丝素起着保护作用。人们在长期的实践中，掌握了丝胶水解等技术。经过技术处理，可以取得色泽洁白的丝制品。

有关松解的工艺，在战国和两汉的有关著作中就已经出现了，具体方法是把蚕茧放在沸水中煮烫，利用水温脱胶。

后来，古人又进一步总结出必须控制水温和水中丝胶的浓度，使用文火和适当加冷水降温的办法，防止过热，出现脱胶不匀、丝多疵累的缺点，而水温过冷又会出现丝头纠结难于松散的毛病，最好常使煮茧的沸水形如蟹眼。同时，注意换汤，换汤过勤会出现蚕丝白而不亮的现象，换汤不勤又会出现蚕丝亮而不白的缺点。

抽引的工艺是用小木棍把已经散开的浮丝从锅中挑起，几根合成一缕。细长、完整的合成细缕，根数比较少；稍次的断丝合成粗缕，根数稍多；最次的断丝合成纺丝，根数更多。在南北朝时期，最细的丝多半是5根合成的，宋代以后多半是3根合成的。

练丝是对蚕丝的进一步处理和漂白。未练的丝叫生丝，练过的叫熟丝。练丝的作用是，一来提高蚕丝的白洁度；二来使蚕丝更加柔软，易于染色。

练丝的工艺和缫丝相似，是把已抽的蚕丝放进含楝木灰、蜃灰或乌梅汁的水中浸泡。东汉以前用温水，东汉以后用沸水，然后在日光下曝晒，晒干后再浸再洗。

文火 与武火相对而言。“文火”有两个含义，一是中药学名词。指熬药时的火小而缓。药物煎沸后，一般用慢火、微火煎煮。味厚的滋补药宜文火久煎。二是气功内丹术术语，系练功中用意轻柔缓行之谓。其重点在于温养水活，意淡息微。

■古代采桑塑像

织机 以直角交织两组或多组纱线形成织物用的机器。如按织造的引纬方法分类可分为有梭织机和无梭织机两大类。按织物纤维分类可分为棉纺织机、毛纺织机、麻袋织机、丝绸织机等。其中丝织锦机又有壮族竹笼机、瑶族织锦机、苗族织锦机、毛南族竹笼机、侗族织锦机等。

这样，一面利用灰水中的碱性物质和日光的紫外线起漂白作用，提高蚕丝的白洁度；一面利用水温和灰水或乌梅中的碱性物质或酸性物质继续脱掉蚕丝上残存的丝胶，使蚕丝更加柔软，容易染色。

穿筘和穿综的目的，是使织机上的经线在织造过程中能开出符合丝绸结构设计的梭口。穿筘是按照设计要求，把经线分组穿过每个筘齿。

穿综也是按设计要求，把经线穿在综里。如果是素织，一根只穿一片，穿在框上两个圈套的上套；如果是花织，一根要穿一片，根据需要，一片穿在圈套的上套，另一片穿在圈套的下套。

筘是织机上的竹筘，综是织机上的综桄。穿筘和穿综的目的，是使织机上的经线在织造过程中能开出符合丝绸结构设计的梭口。

■教子采桑图

筘是用竹片制成的细长方框，中间有间距相等的竹丝，在古代又叫杼、篾、捆。综是用木条制成的长方框，中间有一根横棍，横棍上下各有一条细线，用丝绳连接横棍、细线和木框两边，绕成互相环结的上、下两个圈套，就是南北朝时期以前所说的“屈绳制经令得开合也”的工具，在古代又叫泛子、翻子。筘只有1片；综的数量不定，最少2片，最多8片，如果提花最多可增到16片。

持蚕纸仕女图

装造系统和花本是丝绸提花的装置。装造系统也是在汉代就有记载的。凡是提花的织机都有花楼，装造系统垂直地装在花楼之上，由通丝、衢盘、衢丝、综眼、衢脚组成。

通丝又叫大纤，每根通丝都相当于一般织机的一片综片。综眼是容纳准备提动的经丝的。通丝的数量根据花数循环确定，每根通丝可以分吊2根到7根衢丝，就是后来所说的“把吊”。

花本是将纸面上设计的纹样，过渡到织物上去，再现设计文稿的“模本”，是提花丝绸显花的直接来源，故称“花本”。

花本分为花样花本和花楼花本两种。这两种花本的编结方法各不相同。

花样花本的编结方法是：在一块经纬数量相同的方布上画出准备织造的纹样，也可以先画在纸上，再过在布上。用另备的经线，同方布的经线一根接一根重叠地连在一起，再用另备的纬线，按已画的花纹所占位置和尺寸，置换方布原有的纬线，把原有的经线抽出，用新接的经线代替原来的经线，使花纹重新显现。

明代科学家宋应星在《天工开物》中说花样花本的编结方法：

画师先画何等花色于纸上，结本者以丝线随画量度，算计分寸秒忽而结成之。

花楼花本的编结方法是：把花样花本的经线和花楼上垂下的同量通丝接在一起，提起花本纬线，带动通丝，另用比较粗的其他纬线横穿入通丝之内，就可以把花样过到花楼之上。

装造系统和花楼花本是互相配合的，在花楼花本完成以后，牵动花楼花本的经浮线，也就是在花楼花本上显花的通丝，带动全部装造系统，就可以提花了。

我国古代的丝织工艺精湛，使得丝织物的品种丰富多彩，诸如绸、缎、绫、罗、绉、纱、绢、绡、丝绒等，质地精美，绚丽多彩，名扬中外，久负盛誉。丝织技术也曾不断地向外输出，对世界纺织技术的发展起过重大作用。

阅读链接

我国古代缫丝工具最初使用的是筐子，商代已出现装有锭轮的手摇纺车雏形，可见此项技术已有较高水平，春秋时期的纺织工具中则有了缫丝器和陶制锭轮。后代的缫丝工具越来越发达。

唐代以前的史书记载，尚未见有缫车的名称正式出现。至唐代才有绿车、掉丝等，频频在诗句中吟诵。绿车就是缫车。这些缫车是指普及了的手摇式缫丝车。历经两宋和元代，到了明清时期，脚踏缫车已普遍应用，工具先进，工艺成熟，使丝的利用率和质量大大提高。

历代丝织品的典型特点

在漫长的历史进程中，随着社会文明的进步和生产力的发展，我国丝织品种从最原始的简单平纹组织，发展和演变成复杂的大提花织物结构，而且种类繁多。尤其是各个历史时期典型的丝织品种，无以计数，并且都代表着各自时代的辉煌成就。

对龙对凤纹绣浅黄绢

史前时期，因为丝绸生产以手工编织为特点，普遍使用的器具是原始腰机，所以只能编织出最简单的平纹组织结构。从钱山漾出土的文物来看，经密已达到每10厘米527根，纬密每10厘米

青铜器 是由青铜合金制成的器具。我国青铜器制作精美，司母戊大方鼎、大盂鼎、毛公鼎、散氏盘等，在世界青铜器中享有极高的声誉和艺术价值，反映了我国在先秦时期高超的冶炼技术与华夏文化特征。

480根，经纬丝平均直径为167微米，织物表面细致、平整、光洁。

商代是我国青铜器鼎盛时期。当时农业有了很大的发展，蚕桑业也形成了一定规模。执政者十分重视蚕桑经济的地位，将蚕桑生产与粮食五谷并重。考古发现的商代丝织品尽管数量有限，但已出现了提花丝织物，这说明当时的织造技术已达到相当高的水平。

西周时期，执政者对手工业生产已经有了严格的组织与管理，丝绸生产技术比商代有所进步。同时，商周时期草原丝绸之路已经形成，对外交流得到加强。这些都为后世丝绸业的繁荣奠定了基础。

春秋战国时期，是我国历史上从奴隶制向封建制过渡的时期，生产力和社会经济形态发生了巨大变化。随着金属工具的普遍使用，农业生产产生了飞跃，与之密切相关的蚕桑丝绸业也受到重视，发展农桑成为各国富国强民的重要国策。

■ 凤鸟花卉纹绣浅黄绢面绵袍

商周及春秋时期，科学技术有明显的进步，手工业部门有了较细致的分工，蚕、桑、丝、绸生产已经兴起，至此，蚕、桑、丝、绸生产成为社会生产的一个较为重要的组成部分，出现了缫丝、染色、并丝与捻丝、织造等技术。

这一时期的主要丝织

品种有锦、绮、罗、绨、纨、缟、绡、纱等，组织结构有平纹、斜纹两种基原组织，并在此基础上出现了各种变化组织、联合组织和重组织。此时的纹织物产生是我国丝绸发展史的一个里程碑。

■古代凤鸟纹锦

商周及春秋时期，平纹及平纹变化组织的丝织物主要有纱、绡、缟、纨、缦、绨、縠等。

纱的丝线纤细，织物结构疏松，质地轻盈，经纬密度每厘米200根左右。该类产品主要用作袍服衬里。

绡的经纬丝均加强捻，且捻向相反，织物外观呈细鳞状，质地与纱相仿，略比纱重，属轻薄型织物。

缟是由生丝编织而成的丝织物，织物洁白、精细、轻薄。缟是春秋时鲁国的著名产品。

纨是细致、洁白的平纹薄绸，生织后需漂练。其特点除洁白、精细、轻薄之外，尤其以光泽柔和见长，以此区别于缟类。

纨之所以有柔和的光泽，实际上是通过漂练工艺来实现。纨是春秋战国时期齐国的著名产品。

缦是没有花纹的丝织物。它是一种细丝在纵横两个方向交错延展、平铺直叙地交织的丝织品。

在春秋争霸过程中，齐国上卿管仲曾经建议齐桓公让使者带着齐国特产虎皮、豹皮和缦帛出使各诸侯

上卿 古代的官名。春秋时，周朝及诸侯国都有卿，是高级长官，分为上、中、下三级，即上卿、中卿和下卿。战国时作为爵位的称谓，一般授予劳苦功高的大臣或贵族。相当于丞相或宰相的位置，并且得到王侯、皇帝的青睐。

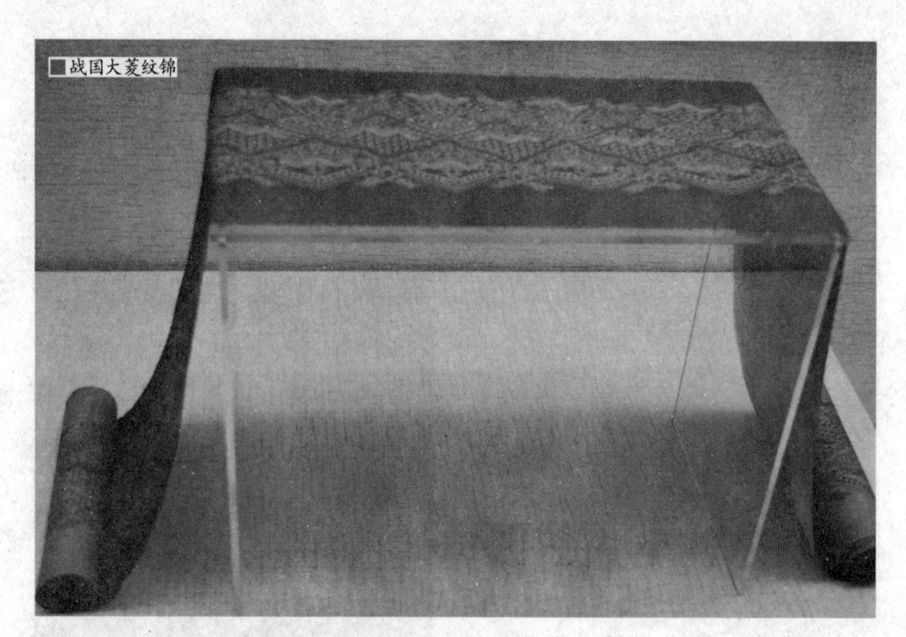
战国大菱纹锦

国。结果，各诸侯国也用素帛和鹿皮回报，齐国的命令便开始通行天下各国了。

绨是一种平纹丝织物。质地厚实、平滑而有光泽，色彩多样。秦汉以来常用作袍料。唐代时谓之绝。

縠的经纬丝均加强捻，且捻向相反，外观呈细鳞状，质地略比纱重，由生丝织成，再经漂练处理，使加强捻的丝线在其内应力的作用下退捻、收缩、弯曲，这样便在织物表面呈绉折纹状。该品种在殷商时期就有生产。

商周及春秋时期，斜纹及斜纹变化组织的丝织物主要是绮。绮是在平纹地上起斜纹花的单色丝织物。

商周及春秋时期的锦，是以多纹彩见长的丝织物。均由彩色丝线织成，一般以二色以上的经丝或纬丝按重组织规律织成，即经二重及纬二重组织。

锦的织造工艺最复杂，它是古代丝织工艺技术的最高代表。其纹样是提花丝织品中最复杂、最丰富的。

战国至秦汉时期，随着丝绸生产技术的不断提高，丝织品种也进一步多样化了。

战国时期是我国历史上由奴隶制向封建制转变的社会大变革时代，铁器的使用与发展进一步推动了丝绸生产工艺技术的提高和进步，其中栽桑、养蚕、缫丝、络并捻、织造工艺和器具基本得到完善，主要品种有纱、罗、帛、缦、绨、绮、绫、绉、纂、组等。

纱、罗的组织比一般的丝绸复杂，它的经丝是互相缠绕纠织的，表面有透明的纱眼。后来到了明清时期纱眼布满织物表面的叫作纱，纱眼每隔一段距离成行分布的，叫作罗。

我国古代所谓的纱，指方孔纱而言，它的经丝并不缠绕，但间隔疏朗、留出孔眼，就是现代织物学上所讲的假纱罗组织，在我国古代则称作方孔纱。

帛、缦、绨都是没有花纹的普通丝织品，绨的质地较厚。缟、纨都是细薄的丝织品。绮是斜纹起花平纹织地的丝织品。绫是以斜纹组织变化起花的丝织品。縠是表面起皱点的丝织品，因为表面的皱纹像粟粒状，所以叫作縠，其实就是绉。绉是利用两种捻度不同的强捻丝交织而成，因它们发生不同的抽缩而起皱纹。机织纱、罗、縠、绉的出现，是我国丝织技术的巨大进步。

纂、组是丝带子一

春秋时期 （前770年—前476年），或称春秋时代，简称春秋。是因孔子修订《春秋》而得名。这部书记载了从鲁隐公元年到鲁哀公十四年的历史。现代学者为了方便，一般把从周平王元年东周立国起，到周敬王四十三年为止的时段称为春秋时期。

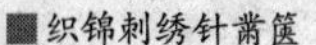
■织锦刺绣针黹箧

河西走廊 我国内地通往新疆的要道。东起乌鞘岭，西至古玉门关，南北介于南山和北山间，长约900千米，宽数千米至近百千米，为西北、东南走向的狭长平地。历代均为我国通往西域的咽喉要道，亦为沟通我国东部和新疆的干道，为西北边防重地。

类的织物。长沙出土的战国时期的丝带子，有的虽然只一厘米左右宽，但上面还织着精美的彩色几何花纹，也可说明那时丝织技术的进步。

战国时期，丝绸生产的专业化分工更加明显，有些技术世代相传，达到了相当高的水平。

秦汉时期是我国封建社会初步巩固与发展的时期，秦的统一和中央集权制度的建立为汉代的强盛奠定了基础。汉初实行“与民修养”政策，促进了经济的迅速发展。规模宏大的官营丝绸业建立起来，其产品主要满足宫廷与官府的需求；民营丝织业也有了较大发展，有的作坊形成了自己的产品特色和知名度。丝绸产区比商周时期有所发展。西汉时期丝绸的生产重心在黄河中下游地区，从东汉时期开始，西南地区的蜀锦成为全国闻名的丝绸产品。

汉武帝时期击败匈奴，控制了通向西域的河西走廊。张骞两次出使西域，沟通了中原内地通向西域并连贯欧亚大陆的丝绸之路。从此，我国的蚕丝与丝

■黄地龙凤纹经锦

■安乐如意无极锦枕

绸源源不断地通过丝绸之路输往中亚、西亚并到达欧洲，丝绸之路沿途出土的大量汉代丝绸织物就是当时贸易繁荣的物证。

秦汉时期，平纹及平纹变化组织的丝织物有绢、缣、䌷等。绢是用生丝织成的平纹织物，在汉代按其经纬密度的不同可分两种：一种是经纬密度大致相同的平纹绢，密度以每厘米500根至590根者居多；另一种是经密较大的畦纹绢，一般经密比纬密大一倍。

缣是双经丝或双纬丝平纹的生丝织物，其绸面细密。其组织一种是双经丝与单纬丝交织的纬重平，另一种是双纬丝与单经丝交织的经重平。

䌷的纹理组织为平纹，一般用废茧丝、残丝纺成粗丝，经织造而成的丝织物似今天的绵绸、茧绸。

秦汉时期，纱罗组织丝织物主要有素罗和纹罗。素罗是指没有花纹的罗，分二经绞罗与四经绞罗两种。纹罗是在罗地上起花的罗。

张骞（约前164—前114年），汉族，字子文，汉中郡城固人，我国汉代卓越的探险家、旅行家与外交家，对丝绸之路的开拓有重大贡献。开拓汉朝通往西域的南北道路，并从西域诸国引进了汗血马、葡萄、苜蓿、石榴、胡麻与鸵鸟蛋等。

秦汉时期的绮，在此之前一般不超过三色，但在

■绛地茱萸回纹锦

汉代出现了“七彩绮”和“七彩杯纹绮”，这说明在周朝以后，绮的色彩有了较大的发展和变化。

秦汉时期的绫，是在斜纹地上起斜纹花，且具有特殊光泽效应的丝织物。东汉末期经学家刘熙在《释名》中说：

绫，凌也。其文望之如冰凌之纹理也。

秦汉时期的锦，其组织结构、纹样题材比西周、春秋时有了较大发展。

秦汉时期的起绒绵，主要是汉代出现的丝织品。其表面有起绒的立体效果，按毛圈的起绒方式有开毛和不开毛两种，其工艺要求复杂。汉代起绒绵是对锦的一种创新和发展。

秦汉时期的绦，是平纹地上起花的织物。一种是用抛梭方法织入花纬而起花，另一种是用穿绕的方法织入花纬。

魏晋南北朝时期，战争连绵不绝，国家长期分裂，大小政权更替频繁。剧烈的社会动荡、复杂的政治格局、广泛的国际往来，令丝绸生产发展艰难。但是由于各执政集团出于政治、军事及奢侈生活的需要丝织业又复繁荣，且内涵丰富，面貌多样。

这一时期，北方仍然是丝织品的主要产区，四川成都地区丝绸业一向发达，江南地区由于三国时的相关政策，丝绸业有了新的起色，经过南朝的经营而进一步得到发展，为唐代中期以后的崛起奠定了基础。

这一时期的主要丝织物品种有锦、织成、绫、罗，有一定程度上的发展，并且具有自己的特点。

锦的主要品种是邺城出产的魏锦和成都产的蜀锦。织成有两种结构，一种是通经断纬方法制织的，另一种是直接编织成成品。此时的绫主要是平纹地上起斜纹花的暗花织物。此时织罗已镶嵌金箔，一般为四经绞作地二经纹起花。另外，此时的绢、缣、绨、纱等品种得到了进一步发展。

安史之乱 也称天宝之乱。是唐代所发生的一场政治叛乱，是由安禄山与史思明向统治者发动，同中央争夺统治权的内战。安史之乱对我国后世政治、经济、文化、对外关系的发展等均产生极为深远而巨大的影响，此后唐朝进入藩镇割据的局面。

隋唐时期是我国封建社会发展的高峰，总体来说国家强盛、经济发达、商业繁荣，尤其是文化上的开放，显示了这一时代雍容大度、兼容并蓄的风格。丝绸业也在这一社会基础上出现了发展高潮。

隋唐重要的丝绸产区有3个：一是黄河流域，以河北、河南两道为主体；二是四川巴蜀地区，包括剑南道和山南道的西部地区；三是长江下游的东南地区。基本形成三强鼎立的局面。“安史之乱”后，江南地区的重要性大大增强。

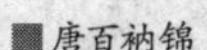

■唐百衲锦

此外，唐代的丝绸贸易十分发达，与汉代的“丝绸之路”相比较，

唐代的陆上丝绸商道更多地采用一条偏北迂回的道路。“海上丝绸之路”也在这一时期兴起，丝绸产品通过东海线和南海线，分别输往朝鲜半岛、日本和东南亚、印度乃至由阿拉伯商人传播到欧洲。丝绸贸易的兴盛导致了丝绸技术的外传，至公元7世纪，东起日本，西至欧洲，西南到印度，均有丝绸生产，基本奠定了日后蚕丝产区的格局。

隋唐时期是我国封建社会的鼎盛时期，在我国丝绸发展史上是较重要的阶段，具有代表性的品种有锦、繝、绫、纱、罗，此外还有织成和绛丝。

此时锦类品种繁多，如：以地区命名的蜀锦；以用途命名的半臂锦、被锦等；以色彩命名的绯红锦、白地锦；以织物纹样命名的小文子锦、大繝锦、六破锦；以织物规格、手感命名的大张锦、软锦等。

唐代夹缬花树对雁纹绢

繝有晕繝和间道两类。晕繝是对锦染缬效果的形容。日本平安时代编撰的官方史书《续日本纪》对与我国唐王朝、朝鲜半岛的新罗的外交记载颇为翔实，是研究唐代历史不可或缺的史料。其中有一段有关我国唐代丝织物晕繝的描述称：

> 染作晕繝色，而其色各种相同，皆横终幅。假令白次之以红，次之以赤，次之以红，次之以白，次之以缥，次之以青，次之以缥，次之以白之类，渐次浓淡，如日月晕气，杂色相间之状，故谓之晕繝，以后名锦。

这段叙述反映了我国唐代晕繝的特征，即彩条晕色效果。晕繝锦有两大类组织且大多数有提花。一类是重组织，即斜纹经二重，上面点缀着散点小花点；另一类是单层提花织物。

南宋缂丝山水图

繝丝织物中的间道，也称条纹锦，是由两种色彩的经丝相间排列，以不规则山形斜纹织成。

绫，一类是平纹地上起花，另一类是斜纹地上起花。罗的组织结构均为无固定绞组四经绞上起二经绞花，密度一般较大，质地较密，纹样呈小几何花纹。纱在唐时泛指轻薄、飘柔的丝织物，有隔纱、平纱、花纱、巾纱、交纱、吴朱纱等。

织成是由一组地经与两组纬线交织，地经与地纬交织成平纹，地经与彩纬织成花型，彩纬用通经断纬的方法织入；缂丝也叫“刻丝”，其工艺是在织纬线时，留下要补织图画的地方，然后用各种颜色的丝线补上，织出后如刻出的图画。

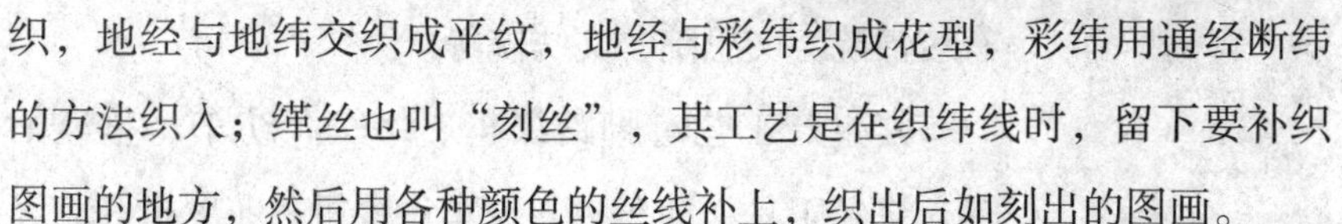

宋、辽、金、西夏时期，国家长期处于分裂状态，但文化上以两宋为主体。北宋丝绸生产以黄河流域、江南地区和四川地区为重要产区。北宋中、晚期，全国丝绸生产重心已转移至江南地区，但北方在高档丝织品生产上仍保持优势。

南宋时，丝绸产区基本集中在长江流域，江南地区丝绸生产占绝对优势，浙江已成为名副其实的“丝绸之府”。辽在夺取燕云十六州后开始发展蚕桑丝绸生产，金代管理区域的丝绸业虽遭破坏，但也维

■南宋牡丹素罗荷包

持了一定规模。

宋代官营丝绸生产作坊有相当规模，在京城少府监属下设置绫锦院、染院、文思院和文绣院，还在重要丝绸产区设置官营织造机构。

两宋民间丝织业十分发达，丝织作坊大量涌现，民间机户的力量不断增长。

宋代城市繁荣，丝绸贸易非常发达。在对外贸易方面，由于陆上丝绸之路被阻断，海上丝绸贸易有了长足的发展，我国的生丝与丝绸通过"海上丝绸之路"输往世界各地。

宋代社会经济、科学文化相当发达，丝绸生产方式与唐代相似，北宋沿袭汉、唐管理体制，少府监下有绫锦院、文思院、文绣院等。

其生产工艺有脚踏缫车、络车、纺车、整经工具、浆经工具、纬车、立织车、绫机、花罗机等。因此，两宋的丝织品种在前代的基础上达到了一个新水平，各大类品种均有相当的发展。

两宋锦名繁多，用作宫服的有8种。蜀锦在宋代锦中仍占有较大比重。这时大量地出现了织金锦。

两宋的绫有异向绫、交梭绫等。罗织物是两宋时期生产的一个高峰时期。此外，缎、绛丝品种不论是技术工艺还是生产量均比以前有很大的进步。

少府监 少府是出现较早、延续时间较长的我国古代官名。隋朝确立之后，唐以后多称少府监，元代始废。少府监掌管手工业和国君的私人庄园。宋时掌制造门戟、神衣、旌节、祭玉、法物、牌印、朱记、百官拜表法物等事。钱币鼓铸设铸钱监管辖，但铸钱监为少府下属机构。

元代的文化具有多种文化融合、碰撞的特点，元代丝绸也因此具有鲜明的时代特征。

元初丝绸生产遭遇战争的破坏，但产区仍有一定规模，以中书省所辖的“腹里”地区和江浙行省所在的长江下游为最盛。

元代官方编纂的农书《农桑辑要》也在全国发行。元代中期以后，产区格局有较大变化，北方地区的丝绸生产衰落，江南地区变得更为重要。其原因一方面是气候变冷使北方不宜于蚕桑生产，另一方面是棉花的种植也使得蚕桑业趋于集中。

由于蒙古贵族对贵重工艺品的特殊爱好，元代设置了大量官营作坊，集中了全国乃至回回地区的大批优秀工匠，征调蚕丝原料，进行空前规模的大生产。庞大的官营织造体系是元代丝绸生产的重要特色，对民间丝绸生产有一定抑制作用。江南地区的丝绸生产在元末明初出现了雇佣生产模式，商品经济有了一定发展。

元代蒙古执政者极爱文绣，政府搜罗工匠，建立了颇具规模的官营手工业，丝织品种继承了前代的丝织技术，绫、罗、锦、缎等有所创新，又出现了体现自己独特风格的织金技术。

元代织金锦，是将片

中书省 古代官署名。封建政权执政中枢部门，汉代始设中书令，魏国建秘书监，有监、令，魏曹丕改称中书监、令。晋代以后称中书省，为秉承君主意旨，掌管机要、发布政令的机构。沿至隋唐，遂成为全国政务中枢。宋、元时中书省设中书令和中书丞，明、清时期废置。

■织有元宵节令灯笼景的补子

■明代缂丝东方朔偷桃图

金、捻金等金属织入织锦。片金是将金打成金箔，然后贴于绵纸之上切成金条，用于织造。捻金又称圆金，是将金片包在棉线外加捻而成金线。还有用丝线染以金粉而成金线的，可称软金。

织金锦的组织均为重纬组织，通常用金线、纹纬、地纬三组纬线组成，也有加以特结经的，金线显花处有变化平纹、变化斜纹组织，此种组织一直沿用。

明代在建国之初，政府采取了一系列措施，重农崇俭，促进了社会经济的发展。明代蚕桑丝绸业的产区范围有所缩减，但形成了以江南为中心的区域性密集生产，其中苏、杭、松、嘉、湖为五大丝绸重镇。明代中期以后，社会风气渐趋奢靡，在商品经济与专业分工经营条件下，江南地区的丝绸工商业获得了极大繁荣。

徭役 我国古代统治者强迫平民从事的无偿劳动，包括力役、杂役、军役等。徭役始于先秦《周礼》规定各级地方官有征民服役的职责。《孟子》则有“力役之征”的记载。秦、汉有更卒、正卒、戍卒等役。以后历代徭役名目繁多，办法严苛，残酷压榨人民。

明代官营织造业规模较大，除在南京与北京设立中央染织机构外，还分别在丝绸产区的苏州、杭州及全国二十多处地方设立地方织染局，供应宫廷和政府每年所需的段匹。生产方式有“局织”和外发“领织”两种，局织是轮班徭役制，领织为民间机户，工匠的人身依附关系比元代有所松弛。

明代织机装置已发展得比较完善，有罗机子、小机、腰机及较完善的花楼提花机，丝织品种在前代基础上更为发展，新产品新花色推陈出新，典型品种有云锦、妆花龙袍、织金绫和皓纱。

云锦是库缎、库锦、妆花的总称，因色彩美丽的锦纹好像天上的云霞，故称为“云锦”。

库缎是在缎地上利用经纬面组织互相衬托起花，可起本色花纹，也可起其他颜色花纹。库锦是在缎纹的地上用金线、银线或金银两种线而织出花纹的锦。

妆花是用不同彩色的纡子，在织物上用通经断纬的挖梭技术来显示绸面花纹而得。织物的上下左右各单元的花样相同，但色彩不同，主体花颜色深浅不同，一个织物上配色二三十种。

云锦的纹样题材主要以龙、凤、仙鹤、牡丹、莲花等吉祥鸟禽、花卉为主体，再衬以各种花纹。

妆花龙袍是特制的。按明代皇帝冕服制度规定，龙袍的纹饰和实

明代缂丝芙蓉双雁图

冕服制度 冕服，是古代一种礼服的名称。主要由冠、上衣、下裳、舄等主体部分及蔽膝、绶、佩等其他配件相构成。冕服制度，传说殷商时期已有，至周定制规范、完善，自汉代以来历代沿袭，一直沿用到明清。冕服上特有的“十二章纹样”，一直是区分等级的标志。

有尺寸整匹织造，一匹即一件龙袍料，要求严格。妆花龙袍不论是纹样题材、色彩、组织结构还是织造技术均达顶峰，如图案为龙、珠、云、海水、红日、孔雀羽，原料用金线、彩绒等。

织金绫是在黑色或深蓝色地上织入金线图案，再用片金线织出金色团花，团花初扁金线与地纬的排列比为1比2。

皓纱的特点是轻薄如纸，透亮如皓月当空。虽然织物纤维纤细，结构疏松，但是依然很结实。因其用丝量少，所以本轻利大。

此外，明代还有南京产建绒、漳州产倭绒、湖州的湖绒、苏州的摹本缎、北方的潞绸及柞丝为原料的山东绸。

■ 清代蓝缎钉金银刺绣

■ 黄缎地平金五彩钉线法衣

清初丝绸业开始时在战争中损失惨重，自康熙朝起，由于天下安定，朝廷采用了鼓励措施，丝绸生产获得较快恢复和发展。清代丝绸业在地域上进一步向环太湖地区和珠江三角洲集中，特别是江南地区在规模和水平上成为全国丝绸业的中心。

清代官营织造体系废除了明代的匠籍制度，原料也以采买为主，总体规模比明代有所缩减，重要的有江宁织造局、苏州织造局和杭州织造局，合称“江南三织造”，负责供应宫廷和官府需要的各类丝织品。

民间丝织业生产规模也有所扩大，专业性分工和地区性分工更加明显，涌现出一批繁荣的丝绸专业城镇，产品种类繁多，内销市场繁荣。

在对外贸易方面，清初实行海禁，康熙时期一度

匠籍制度 匠人的户籍制度。元代为了便于强制征调工匠服劳役，将工匠编入专门的“匠籍”。明代手工业者一律编入匠籍，隶属于官府，世代相袭，实行轮班或住坐，为国家服役。这种匠籍制度限制了工匠的自主经营。清代初期废除了这一制度，“各省俱除匠籍为民免征京班匠价”，匠人重新获得了自由身份。

放宽，但后来又加强了对外贸易的限制，关闭了除广州以外的其他口岸，实行一口通商。粤海关是广州口岸对外贸易的唯一管理机构。尽管如此，我国对日本的生丝出口和对欧洲各国的生丝与丝织品出口仍然达到了相当规模。

清代是我国历史上最后一个封建王朝。丝织生产多数仍属手工业生产，生产加工器具基本与前代相同，然而由于纹匠与织工的努力改进，绸缎质量有所提高，同时为了适应国内外的需要，也创新了许多新品种。

清代缎类丝织物已有许多不同风格和特点的品种，如素缎、暗花缎、织金缎、锦缎、妆花缎等。也有体现各地不同风格的名牌产品，如南京的宁缎、杭州的杭缎、广东的粤缎、苏州的摹本缎、四川的浣花缎等。

清代的绒大多采用的仍是前代传下来的杆织法，有素绒、提花绒、彩经绒及丝绒艺毯等。

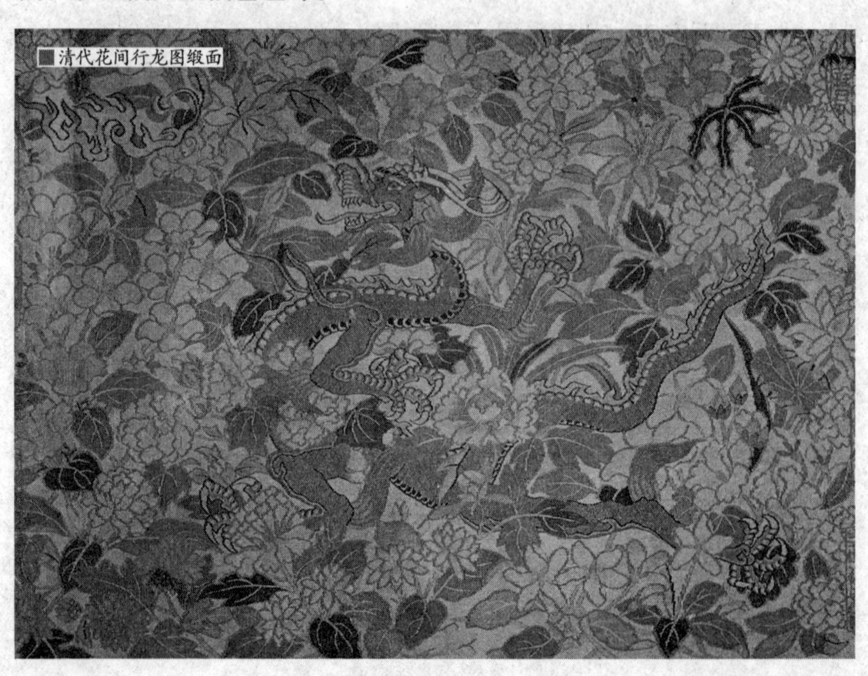
清代花间行龙图缎面

清代的莨纱绸是莨纱和莨绸的统称，是利用薯莨液凝胶涂在绸面上而得名。莨纱的组织主要为绞纱结构，莨绸则为平纹组织。

清代橘红织锦缎棉袍

清代的山东绸是山东的特产，它是用柞丝为原料，用手工捻成，使绸面有自然、均匀的疙瘩效应，有珍珠般的光泽，风格粗犷而豪放，自然而活泼，坚牢耐用，穿着舒适。清光绪年间，缫丝取代了捻线，绸幅由1.2尺加宽到2.6尺（清代1尺合现在35厘米）。

此外，西南地区少数民族也创制了富有特色的丝织品种，比如以丝和棉交织的苗锦、黎锦、傣锦和西北地区新疆所产的先扎经染色后织造的“爱的丽斯绸”等。

阅读链接

《汉书·韩安国传》中有一句话说：“强弩之末，不能入鲁缟。”意思是说，即使是强弓射出的利箭，射到极远的地方，力量已尽时，就连极薄的鲁缟也射不穿了。

鲁缟是西汉时期山东一带生产的丝织物，以轻薄著称。当时匈奴派人来西汉王朝请求和亲，大臣王恢主张发兵攻打，著名将领韩安国表示反对，认为汉军如果强行出击，就像强弩之末连鲁地所产的最薄的白绢也射不穿一样。群臣的议论多数附和韩安国，于是皇上便同意与匈奴和亲。

丝绸与纺织技艺的外传

我国的丝绸和丝织技术的外传，是从西汉时期开始的。汉武帝时期，张骞开通西域，打通了丝绸之路，从此以后，在这条大规模的商贸大道上，再也没有间断过国外来华和中原远征的驼队。

张骞西去图

汉武帝时期，匈奴征服了西域许多小国，将汉王朝西去的道路堵死了。汉武帝出于军事和经济目的，认为有必要打通西去之路，于是派著名外交家张骞出使西域。

公元前138年，张骞第一次到西域，率领100多人，历尽艰险，回到长安时仅剩两人，费时13年。

在这个过程中，张骞掌握

■丝绸之路

了许多西域国家的军事和经济情报。通过对这些情报的分析，汉武帝下定了打通西去道路的决心。

公元前119年，张骞第二次去西域，组织了庞大代表团，带牛羊1万头、金币丝帛“数千巨万”作为馈赠的礼物。

这次出行以及随之进行的军事行动，获得巨大成功，打通了西去的道路，使汉王朝和西域各国开始交往，也使中原精美的丝绸和其他物品源源不断地输送到西域各国。

这条路以后又经沿途各国的共同开拓，成为一条横贯亚洲大路的贸易通道，并因有着大量的中国丝绸经此路西运，后被中外历史学家称为丝绸之路。

其实，古代丝绸之路的路线并不固定，也非只有一条，其主要路线为：东起渭水流域，向西通过河西走廊，在敦煌分成两路：一路经今新疆境内塔里木

汉武帝（前156年—前87年），名刘彻，西汉的第7位皇帝，杰出的政治家、战略家、诗人。为巩固皇权，汉武帝建立了中朝，并在地方设置刺史。文化上采用董仲舒的建议，“罢黜百家，独尊儒术”。汉武帝时大破匈奴，征服西域，开拓汉朝最大版图，首开丝绸之路。

中西商人交流蜡像

河北面的通道，在疏勒以西越过葱岭，经大宛和康居南部西行；另一路经今新疆境内塔里木河南面的通道，在莎车以西越过葱岭，经大月氏西行。以上两路会于安息，然后向西经条支到达大秦。全长6000多千米。

在这条主丝路的路经之处，疏勒就是后来的喀什，大宛就是后来的乌兹别克境内费尔干纳盆地，康居位于后来的撒马尔罕附近，莎车即后来的莎车县，大月氏即后来的阿富汗和伊朗，条支即后来的伊拉克、叙利亚一带，大秦即古罗马帝国。

主丝路的支线有从长安到兰州，再折向西宁，沿青海湖北岸，穿过柴达木盆地到达西方；亦有由我国南部经四川，青海往西去；亦有从四川、云南经缅甸南部，再利用海道西行；亦有经中亚转达印度半岛各港再由海道西运等。

除上述道路外，古代还有一条“海上丝绸之路”，这条路也是汉武帝派人开通的。当时我国海船带了大批的金银、土产和丝绸，从雷州半岛的徐闻和广西的合浦出发，途经都元国、邑卢没国、谌离国和夫甘都卢国，航行到印度半岛南部的黄支国，然后从已程不国返航，途经皮宗国回国。

在“海上丝绸之路”路经之处，元国就是后来的越南岘港，邑卢没国就是后来的泰国叻丕，谌离国即后来的缅甸丹那河林，夫甘都卢国即后来的缅甸卑谬，黄支国即后来的印度康契普拉姆，已程不国即后来的斯里兰卡，皮宗国即后来的印尼苏门答腊。

这条“海上丝绸之路”，在唐代以后西去的陆上通道逐渐衰落后，成为我国对外贸易的主要商路。

我国丝织技艺最开始是沿着张骞开通的陆上丝绸之路向西传播的。首先传到的地方是西域小国于阗国，传播的是汉朝公主与于阗国国王和亲时带去的蚕桑种子。

后来，英国人斯坦因在和阗地区（今和田）发现一块18世纪的画板，上面刻画着那个将蚕桑种子带给

于阗国 古代西域王国，也是唐代“安西四镇”之一。这里的古代居民属于操印欧语系的吐火罗人。于阗地处塔里木盆地南沿，东通且末、鄯善，西通莎车、疏勒。昌盛时领地包括今和田、皮山、墨玉、洛浦、策勒、于田、民丰等地，都西城，即和田约特干遗址。

■ 丝绸之路上的运输队雕像

于阗的人，是于阗人为纪念她而刻画的。另外，斯坦因还在于阗附近的一座大庙废墟里发现过一幅画着祭祀“蚕先”的壁画，这种祭蚕的风俗，当然也是我国传去的，由此反映出蚕桑在西域人民生活中所占的重要地位。

朝鲜和日本是我国的近邻，我国蚕桑技术传入这两个国家的时间要比传入西方早得多。史载西晋时，秦始皇后裔弓月君曾率127县之民经朝鲜移居日本，并将这些人分置日本各地养蚕栽桑，使其地蚕业大兴。

另据《汉书·地理志》记载：

> 殷道衰，箕子去朝鲜建国，教其民以田蚕织作。

《汉书·地理志》的记载清楚地表明，早在殷商时期，“箕子朝鲜”已经掌握了我国的蚕桑技术。

至于传入日本的具体时间，据《三国志·东夷传》记载：243年，

古代丝绸之路遗址

■古代丝绸商人浮雕

“倭王派使8人，来献倭缎、绛青缣、绵、衣帛等丝绸产品，后又献异文杂锦”。据此可见，我国蚕桑技术传入日本的时间应不会晚于汉代。

三国以后，中、日两国人民的往来日渐频繁，有关我国先进的丝织技术传入日本，促进日本丝织技艺进步的记载也开始多起来。

南北朝时期，由于中外交通已经越来越频繁，我国对外文化交流也随着增强，曾经有不少外国人来我国观光学习。我国蚕桑技术也在这时传入欧洲。

据欧洲的史书记载：在查士丁尼大帝时期，有两个僧人自中国回到罗马，密藏蚕卵于竹杖之中，持杖行路，状如进香游客。虽然当时中国当局严禁输出，但是终无人料及蚕卵就这样被带往君士坦丁堡，从此欧洲始有蚕业之兴起，可见蚕桑技术传入欧洲是费了一番周折的。

箕子朝鲜 是在我国周武王灭商后，商朝遗臣箕子率5000个商朝遗民东迁至朝鲜半岛，联合土著居民建立的“箕氏侯国”，这个国家的存在时间是约公元前1122年至公元前194年。公元前3世纪末，朝鲜历史上第一次出现有关记载。我国西汉历史学家司马迁的《史记》中也有记载，称“箕子朝鲜”。

花机 又名花楼机。我国古代织机名称，是手工提花织机的简称。我国很早就有手工提花法，西汉时已用提花束综控制上万根经纱，经汉唐时发展，至宋元时期，手工织机已经走上定型化，宋朝人已使用提花机。明代提花织机的结构更为完善，明代科学家宋应星在《天工开物》一书中绘有花机全图。

这一时期，我国丝织技术对欧洲最重要的影响，是花机和花本的利用。在我国的南北朝时期，也就是在6世纪以前，欧洲人还不会织造大花纹的丝织物，直到六七世纪，才辗转得到我国的花机和花本的制造方法，开始织出比较复杂的提花织物，后来一直沿用下来。

欧洲人得到我国花机和花本设备后，虽然偶尔有些变化，但是始终没有脱离我国纺织设备的原有窠臼。就是后来出现的法国雅卡尔的提花机以及世界各国通用的龙头机，也和我国的花机有极密切的关系，它们的基本构造仍然相同，虽然把花本改成纹版，但是原理依然未变，只不过形式稍有不同罢了。

花机和花本的构造方法传入欧洲，使西方织机的

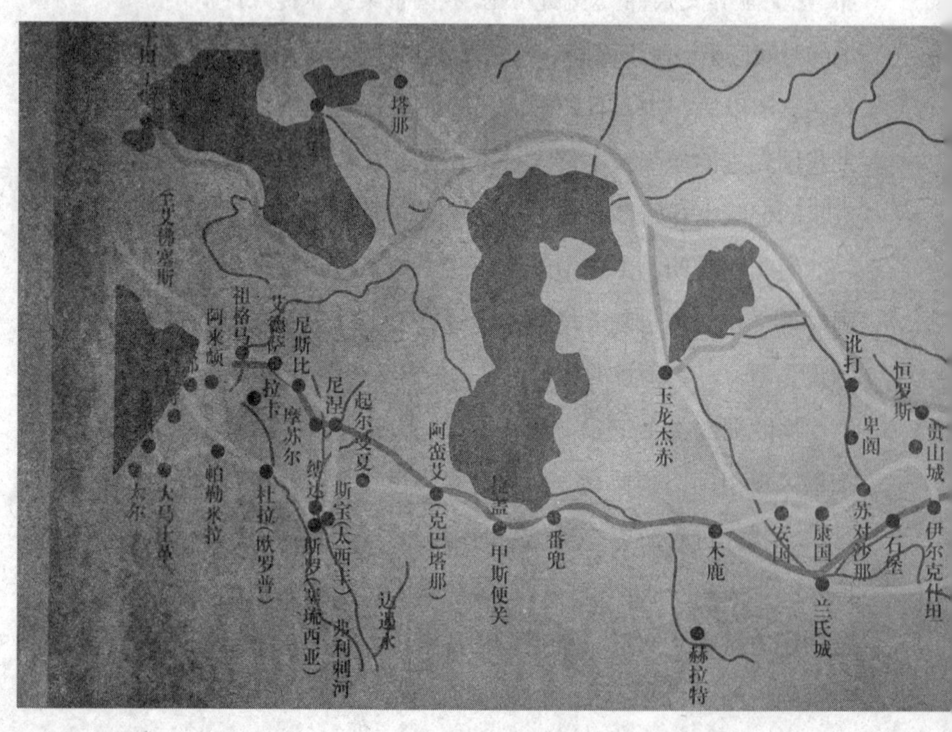

丝绸之路西传路线图

结构发生了改变，开始了由竖式向横式的转变，并能织出一些较为复杂的提花织物了。

波斯在我国的南北朝时期也曾专门派遣了两个使者前来我国了解丝绸的织造技术，并且搜集蚕种带回试养。

日本也在这一时期专门派人在浙江沿海招募丝织技工，去日本传授技术。在招募我国纺织技术人员去日本的同时，也引进了织机。日本一学者在其著作中描述：

> 引进的织机是有筘能够打纬的丝织机……就是以后中国制造的“棚机”。这种织机于8世纪开始普及，在织布生产中起了极大的作用。

另外，我国的北方人有一部分东渡日本定居，专门从事纺织，成

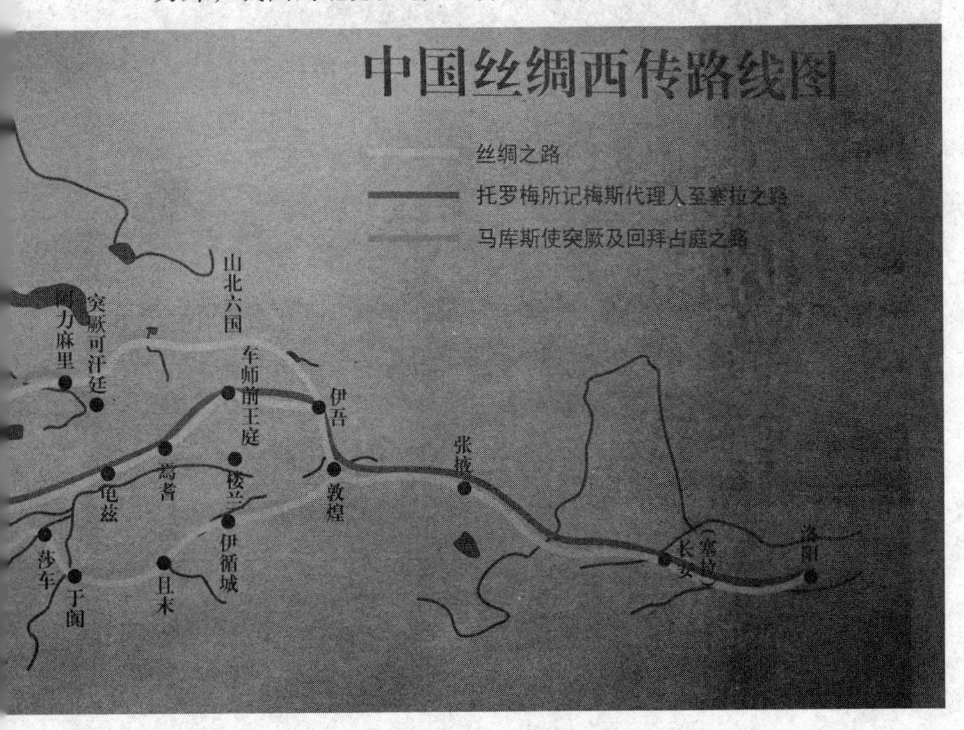

为那时日本纺织业的骨干。

隋唐时期，我国丝织技术的对外影响更加显著。日本在我国的隋唐之间，曾经从我国购买大量丝织物，后来仍有不少保存在日本国家博物馆正仓院和其他博物馆。

隋唐时期，波斯的纺织工艺在当时西方世界中是比较突出的，但是仍不能和我国相比，非常需要我国的纺织技术，所以常常利用我国的工匠帮助他们织造。

唐代旅行家杜环的《经行记》中说，他在751年到过大食，亲眼看到我国的河东人吕礼等人在那里织络，络就是绸。

在宋代，日本派人来我国学习织造技术，回国后在博多采用我国的技术改造了旧织机设备，出产的纺织品取名为“博多织”，闻名于世。由此可见，日本近代丝织业的兴起，并非偶然，它是与长期不断

■丝路上的外国商人

地学习、借鉴我国先进的丝纺织技术分不开的。

元代的版图非常大，横跨欧、亚两大洲。元代的执政者曾经把各种技工集中起来，安置在全国各省以及境外元帝国势力所及的地方。

早在蒙古帝国时期，全真教著名道士丘处机曾经应成吉思汗的召唤，不远万里，去中亚游历。后来丘处机的弟子——元初道士李志常写的《长春真人西游记》，记载了长春真人丘处机西行的经过。书中描述了途中也曾经看见汉人工匠千百人在那里织造绫、罗、锦、绮等丝织品，与中原的制作工艺如出一辙。

以上是我国丝绸和丝织技术传入西亚、东亚、欧洲的大致情况。除此以外，我国的蚕桑技术在公元

丘处机（1148年—1227年），亦作邱处机、乾道，字通密，道号长春子，山东登州栖霞人。是道教主流全真道掌教教主以及执掌天下道教的宗教领袖。宋代著名全真道掌教真人、思想家、道教领袖、政治家、文学家、养生学家和医药学家。丘处机曾以74岁高龄而远赴西域，行程1.75万千米，劝说成吉思汗止杀爱民，由此闻名世界。

元代莲塘双鸭图丝绸

前2世纪，通过四川、西藏传入印度，在2世纪至3世纪传入缅甸，在6世纪传入古诃陵国。古诃陵国亦称阇婆国，即后来印度尼西亚的爪哇岛。

我国丝绸及技艺的外传，丰富和美化了传入国人民的生活，改善了传入地区人民的服饰，促进了传入国纺织技术的进步。同时，带动了我国和世界各国的经济、文化往来，增进了各国人民之间的友谊和了解。

我国丝绸及技艺的外传，其影响不仅局限于传入国的纺织业。对东西文化技术的交流、改善和丰富东西方人民的物质生活和精神生活，对整个人类的文明进程，都具有深远的影响。

阅读链接

据史载，汉代时于阗国没有蚕桑，于阗的国王便派使节到汉朝，请求赐给蚕种和桑种，哪知汉政府不但不给，还下令严禁蚕种、桑种出关。

于阗国国王无奈，便请求与汉王朝和亲。得到准许后，迎亲使者密告公主，于阗国“素无丝帛桑蚕之种”，于阗国国王请她随身携带蚕桑种子出阁。公主离汉时，将蚕种桑种密藏于丝绵帽中，汉边关卫士不敢查验，公主顺利将蚕桑种带到于阗。自此之后，于阗地区便有了蚕桑生产，并逐渐成为著名的丝织产地。

彩绸飞舞

绸，是丝织物的一个大类，是指用基本组织、混用变化组织或无其他类丝织物编织的丝织物，其特征为绸面挺括细密，手感滑爽，轻薄柔软。其原料除采用桑蚕长丝外，还有用绢纺落棉的棉绸、用柞蚕丝的鸭江绸、用双宫丝的双宫绸等。无其他明显特征的丝织品，都可统称为绸。

绸起源于我国西汉时期，专指利用粗丝乱丝纺纱织成的平纹织品。汉唐时期，我国丝绸即已远销世界各国。明清以后，绸成为丝织品的泛称。

蓬勃发展的汉代丝绸业

汉代是我国统一的封建社会时期，养蚕、织帛、缝衣、刺绣等手工艺非常发达，西汉的丝织物有锦、绣、绢、纱、绡等，服装面料从质朴单一向华丽多彩方向发展。

古代丝绸贸易蜡像

■古代蚕织图

汉高祖刘邦为了维护政权，在施行减赋政策的同时，奖励农业生产，提倡食、货并重，认为食、货两者是“生命之本”。此时，政府把蚕桑放到农业生产第二位，位于畜牧业之上，并以农桑为衣食之本。

汉代丝绸制品的主要生产地，分布在日益发展的商业大城市里。《汉书·百官公卿表》记载，西汉在京师长安设置东织室和西织室，传说是专门为皇室生产高级丝绸制品的纺织场。隶属于少府的东织室令、西织室令，具体负责纺、织、染等手工业。

西汉政府还在地方设置专管丝绸织造的官员，比如在齐郡临淄专设服官，专制御用丝绸制品；在蜀郡成都和陈留郡襄邑设置工官，专司管理锦缎等织物生产及征收税帛。临淄、成都、襄邑都是当时织染工艺生产的著名地区。

随着西汉经济的恢复和发展，皇室、贵族、官僚的需要量日益增大，丝绸品的生产量与消耗量都颇为惊人。

少府 官名，始于战国。西汉政权仍以少府为管理帝室财政的重要机构。在少府机构之外另设水衡都尉，专门管理上林苑及铸造货币等事宜。将少府所掌管的一些税收及其相应机构转交给大司农。在各地陆续设置上官、三服官、铜官，以管理手工业。

■古代妇女贩卖丝绸

据史载，汉哀帝元寿年间，汉哀帝曾经给匈奴单于一次就发送3万匹丝绸，汉哀帝的宠臣董贤建造住宅，汉哀帝诏令将作大匠为其建造，木土之功穷极技巧，廊柱、门槛儿都以织锦花纹装裱。至汉武帝时，一年征集的丝绸制品达500万匹。汉武帝在一次出游中，曾经消耗绍帛100余万匹。

匈奴单于 匈奴君主的称号。《汉书·匈奴传》称之“撑犁孤涂单于”。“撑犁”，匈奴语之意为“天”，“孤涂”意为“子”，“单于”意为“广大”。我国古籍中所指的匈奴是秦汉时称雄中原以北的强大游牧民族。匈奴影响了当时的我国和欧亚大陆的历史进程。

汉武帝时，珍贵的丝绸织物已不再是执政上层或富人们的专用品，平民百姓也有服用“绣衣戏弄”、“素锑锦冰”，期待着衣“文秀”。因此，除官营丝绸织造业外，汉代私人经营的作坊也兴盛起来。

当时各家各户均栽种桑树养蚕。栽桑、养蚕极为普遍，缫丝、织绸已成为家庭妇女的主要手工业。每到养蚕的季节，各地政府也给蚕业生产者以一切方便，要求在养蚕季节，不闭四门，以便蚕农进出城门，采桑养蚕。

汉代民间最普遍的手工业就是丝绸织造业，当时的人说：

一夫不耕或受之饥；一女不织或受之寒。

据《汉书·张汤传》载，富豪张安世家开设的织染作坊，雇佣工匠700多人。据《后汉书·朱儁传》记载：东汉末年名将朱儁出身寒门，少年时因赡养母亲而闻名，他的母亲曾经以贩绸为业。一个女子也可贩绸，可见丝织品作为商品买卖已经是相当普遍了。

汉代丝绸业的高度成就，从后来出土的汉代画像砖上也有反映。在山东滕州宏道院、嘉祥祠、郭巨祠、泗洪曹庄以及四川成都百花潭等地出土的汉代画像砖，上面有纺车、缫车、调丝、并丝、织机、染具

画像砖 是用拍印和模印方法制成的图像砖。画像砖艺术是我国古代民间美术艺术的一枝奇葩，在战国晚期至宋元时期的我国古代建筑艺术中占有重要的地位。画像砖不仅真实、形象地记录和反映了各个历史时期的社会风貌，而且将这一民间艺术的发展历程生动地展现在我们面前。

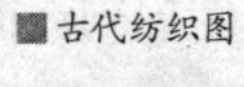
古代纺织图

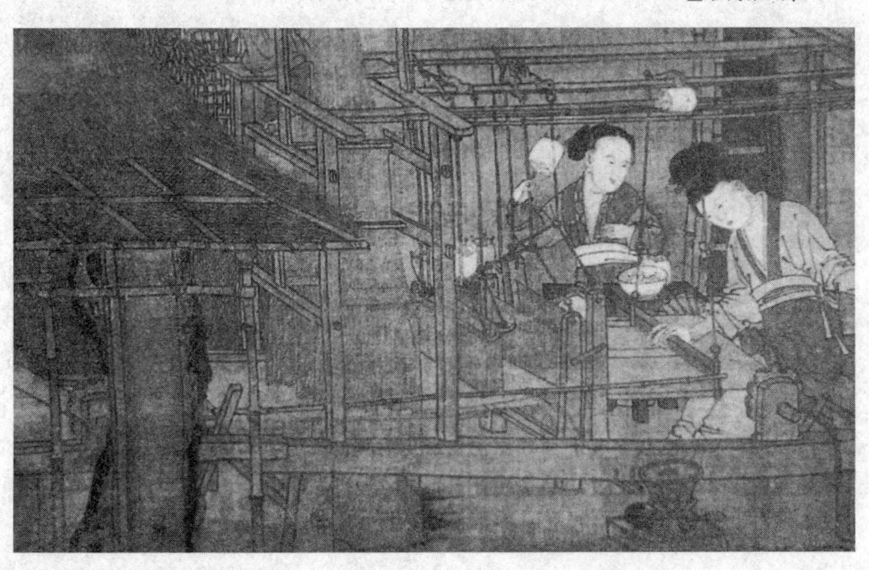

等实物图形，都反映了汉代丝绸工艺技术水平。

此外，《汉书》记载海南岛一带有“女子桑蚕织绩”，说明当地在南越国时期已经养蚕和进行丝绸生产。

从南越王墓出土的丝绸情况看，丝绸随葬品品种多，数量也很大。特别是西耳室西部约2.8平方米的范围内，丝织品多层叠放，整匹随葬的有绢、绣绢、研光绢等品种。用丝织品包裹随葬品也很普遍，有人估计超过300件以上。包裹用绢数目十分惊人，就像后世人们用包装纸一样非常普遍，说明南越王室的奢侈。

墓中出土的丝绸制品不但有平纹组织的绢、纱，也有重经组织的素色锦、二色镜和绒圈锦，品种十分丰富。

蚕丝在两汉时期有着广泛的用途和较大的市场，并且是城市手工业和农村家庭手工业经营的主要对象之一。因此，蚕桑生产在两汉时期的400余年间，在全国各地纵深发展，主要产地集中在今天的山东、河南、陕西、四川等地。

此外，河北、江苏、浙江、安徽的蚕桑生产也有所发展，并且在汉初发展到海南岛，东汉时发展到甘肃和内蒙古。

阅读链接

在西亚的叙利亚、伊朗、意大利以及地中海沿岸其他一些国家，发现了不少我国汉代的丝绸，说明汉代丝绸不仅广销国内，还有大量的出口贸易，并在国际市场上独占鳌头。

我国汉代丝绸的历史，在世界上的许多国家都有记载。有记载说，古罗马凯撒大帝曾穿着一件中国的丝绸袍去看戏，在场的大臣们对那绚丽灿烂、光彩夺目的丝绸袍惊羡不已，一个接一个为凯撒服务，以求近距离欣赏凯撒的袍子。他们认为这是从未见过的华丽服装。后来穿丝绸衣服渐渐成为高贵和时髦的象征，大家都争着穿用“中国丝绸”，东西方的丝绸贸易也因此更加兴旺起来。

高度发达的唐宋丝绸

唐、宋两代的丝绸生产十分兴盛，是我国丝绸手工业发展史上一个很重要的阶段。在这个时期，丝绸生产各个部门的分工更加精细，花式品种更加繁富，丝绸产区更加扩大，织造技术也大为提高。

唐代的丝绸业也和过去历代一样，主要分为民营和官营两部分，其中官营丝绸业是重要产业。

纺线的女工

古代纺绢女工

唐代官府经营的丝绸制品生产，由织染署负责管理。织染署下面又设立了25个作，各有专门的分工。其中有10个作专司织造，分别从事绢、纱、絁、罗、绫、绮、锦、布、褐的生产；有5个作专司织带，分别制造组、绶、絛、绳、缨；有4个作专司纺制䌷线，分别生产䌷、线、弦、网；有6个作专司练染，分别负责染青、绛、黄、白、皂、紫6种基调的系统色彩。

织染署 古代官署名。唐承隋制，置织染署，属少府监。掌织纴组绶、绫锦冠帻，并且染锦罗绢布等。唐代官方经营的织染署的组织庞大、分工细致，织染署下设25个作，其中专门负责染渍色彩的作就有6个。宋分置绫锦院与染院，金沿置织染署。元以后废。

在这25个作中，除布作和褐作以外，几乎均直接或间接与治丝和织绸生产有关。各作里的从业人数各个时期不同，但都比较多。

据史籍记载，唐武则天时，织染署有织工365人，内作有绫匠83人，掖庭局有绫匠150人；唐玄宗时，册封杨玉环为贵妃，贵妃院中有700名织工为她织绣服饰。诸州官锦坊人数则难以统计。

当时在全国各地还有属于地方州府管辖的织锦坊等。唐代初期，把全国分为10个道，各道每年要向朝廷缴纳一定数量的贡赋，丝绸制品是贡赋中很重要的一项。当时各道作为贡赋向朝廷缴纳的丝绸制品名目繁多，花式新颖。

例如，河南道仙、滑二州的方纹绫，豫州的双丝绫，兖州的镜花绫，青州的仙文绫，河北道恒州的孔雀罗、春罗，定州的两窠绌绫，山南道荆州的交梭縠子，阆州的重莲绫，江南道润州的方棊、水波绫，越州的吴绫，剑南道益、蜀二州的单丝罗，益州的高杼衫段，等等，都是花色绮丽的高级丝绸制品。

唐代民间手工作坊数量，随着城市繁荣和商品流通的扩大也不断增多，有的私营纺织作坊规模也相当巨大。唐代人写的《朝野佥载》中说，其时“定州何明远大富”，“赀财巨万，家有绫机五百张”，意思是说那个作坊竟有可供操作的绫织机500台。如果每台需用一名织工

唐代纺织工具

再加上缫、络、染等辅助工2人至3人，则500台至少得用1000人至1500人，它的大小竟和后来的纺织厂差不多，拥有如此规模作坊的，远不止何明远一人。

唐初丝绸制品的主要产区还是在北方。“安史之乱”以后，江南地区丝绸业迅速地发展起来。江南道越州的“缭绫”、宣州的“红线毯”都是名重一时的高级丝绸制品。唐代大诗人白居易在他所写的《缭绫》一诗中，描写皎洁精美的缭绫时写道：

缭绫缭绫何所似？不似罗绡与纨绮。
应似天台山上明月前，四十五尺瀑布泉。
中有文章又奇绝，地铺白烟花簇雪。
织者何人衣者谁？越溪寒女汉宫姬。
……

隋唐大袖对襟纱罗衫

■唐代仕女刺绣

在另一首名叫《红线毯》的诗中，诗人用“彩丝茸茸香拂拂，线软花虚不胜物”的诗句，来形容红线毯的松厚柔软。

唐代的印花丝绸，花色也很多，印花加工的方法，除蜡染、夹板印花、木板压印等方法外，还有用镂花纸版刮色浆印花及画花等多种方法。

唐代的薄纱，也织得很好。当时的贵族妇女，肩上都披着一条“披帛”，大都是用薄纱做成的。另外，还有一种用印花薄纱缝制的衣裙，也是当时贵族妇女很喜爱的服饰。

唐代的绢帛，除作为实用品外，还作为货币被广泛流通使用。732年，唐代政府曾颁布一道法令说：

> 绫罗绢布杂货等，交易皆合通用。如闻市肆必须用钱，深非道理，自今以后，与钱货兼用，违者准法罪之。

白居易（772年—846年），字乐天，晚号香山居士、醉吟先生。祖籍山西太原，胡族后裔，生于唐代时河南新郑。中唐最具代表性的诗人之一。作品平易近人，乃至于有“老妪能解”的说法。其作品在作者在世时就已广为流传于社会各地各阶层，乃至外国，如新罗、日本等地，产生很大的影响。著名诗歌有《长恨歌》和《琵琶行》等。

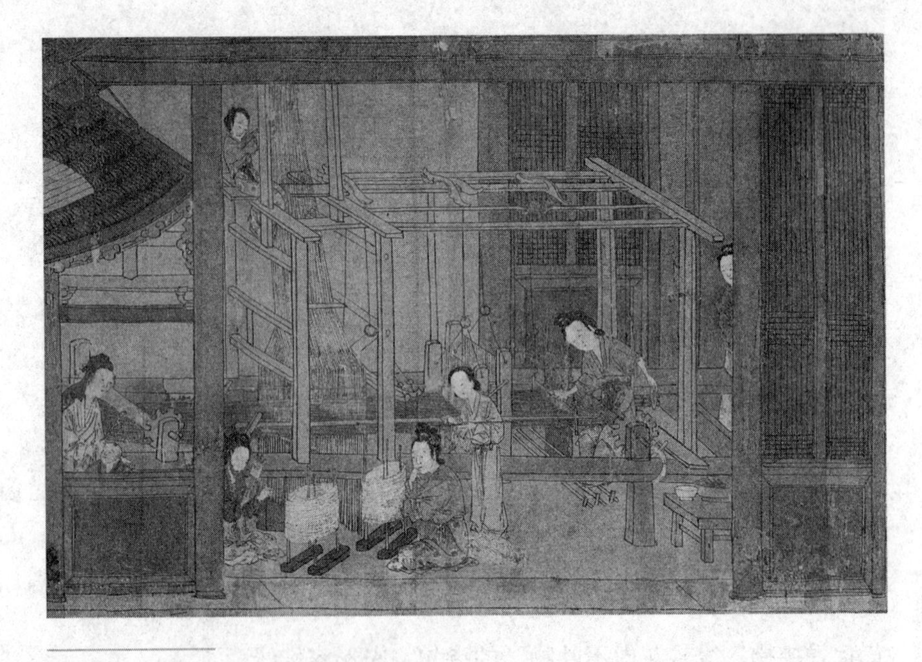

■《摹宋人纺织图卷》局部

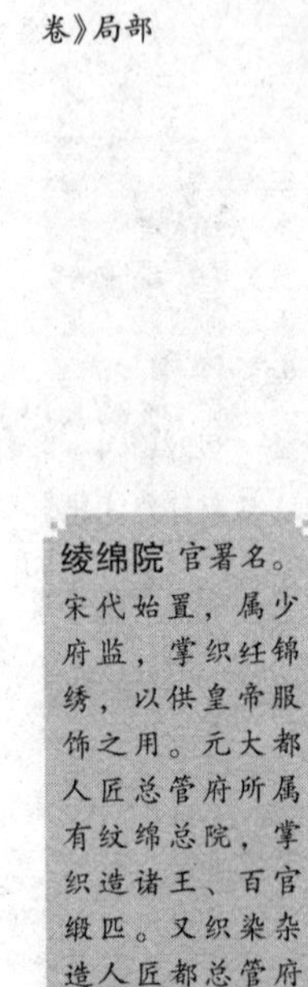

绫绵院 官署名。宋代始置，属少府监，掌织纴锦绣，以供皇帝服饰之用。元大都人匠总管府所属有纹绵总院，掌织造诸王、百官缎匹。又织染杂造人匠都总管府所属有绫锦局，掌以招收析居放良还俗僧道为工匠，教以织造。

大意是说，绫罗绢布都可以作为交换的媒介，如果只用钱币作为交换的手段，是不合理的，自今以后，绫罗绢布与货币同样使用，不服从者将被作犯法治罪。

两年后，即734年，又颁布一道诏书说，凡上市物品，均需先用绢布绫罗丝绵交易，若市价1000以上，可钱物并用，违者科罪。

这两道诏令就是丝绸在唐代曾经起过货币作用的具体实例，据此也可看出丝绸在当时社会经济中所占的地位是何等重要了。

宋代的官营丝绸生产组织形式与唐代相似，但规模远胜唐代。其时的官营丝绸生产作坊除京城之外，还遍及全国主要丝绸产地。

据《宋史》载：朝廷所需丝织物的织造场院，除在京设置有绫绵院、内染院、文绣院外，全国各地有几十处之多，如杭州、苏州、成都的锦院，开封的绫院，润州的织罗局，梓州的绫绮场等。

机户 专门从事纺织业的人户或作坊。唐代中期以后，纺织手工业已逐步与农业分离。最早在970年山东巨野有机户的记载。机户主要是从农村以蚕桑为业和以纺织为业的生产者中分离出来的，并且多数是小商品生产者，有的从事家庭手工业，有的则雇佣十余人开设小作坊。

这些外地场院一般都是以一两个织品作为主要生产品种，如亳州场院主织纱，大名府场院主织绉、縠，青州、齐州、郓州、濮州、淄州、潍州、沂州、密州、登州、莱州、衡州、永州、泉州场院主织平绝，成都有些场院，则由监官专管织造西北和西南少数民族喜爱的花锦，作为兄弟民族间贸易交流的物资。

这些官办丝绸场院规模均相当大，如绫锦院在988年有400多张绫锦织机，1034名匠人。1083年成都锦院有117间场房，154台织机，共用工人449人，共用挽综工164人，织工154人，纺绎工110人，每年用丝约115000两，染料约211000斤（清代1斤相当于现在596.82克，1两相当于37.3克），生产锦约1500匹。

■宋代纺线蜡像

宋代民间丝绸生产更是空前发达，史载杭州街巷“竹窗轧轧，寒丝手拔，春风一夜，百花尽发。”成都百姓“连甍比室，运针弄杼，燃膏继昼，幼艾竭作，以供四方之服。”这虽只是反映一时一地的情况，但从中我们不难想象出当时整个丝织业生产的繁荣程度。

宋代还出现了完全脱离农业生产，专门从事纺织生产的家庭作坊，即机户。机户不同于富户豪门经营的作坊，仅依赖家庭成员，不雇佣或很少雇佣劳动力。其经营方式是官府提供原料，机户织造的产品则由官府统一收购。

宋代丝绸产量之巨，也反映在每年输往辽金的数量上。据史载，1004年，宋王朝和大辽订立“澶渊之盟”，答应每年给辽国银10万两，绢20万匹，不久又增加为银20万两、绢30万匹。这之后，提供给对方的数量越来越大。此外，每年为补充战争所需的马匹都要用丝绸作为马价，按品级赏赐各级官员的丝绸织品，数量也比较大，也要耗费大量丝绸。

宋朝廷收集的丝绸，一部分来自租税，一部分来自“和买”。朝廷每年征收夏秋两税，夏税以丝绸、布匹为主；秋税以粮为主。另外，还规定男子从20岁到60岁要交身丁税，因为丝绸是农家的主要经济来源，所以“身丁税”也都以绢交纳。

“和买”的丝绸，是政府每年以购买的名义，向民间征集的一部

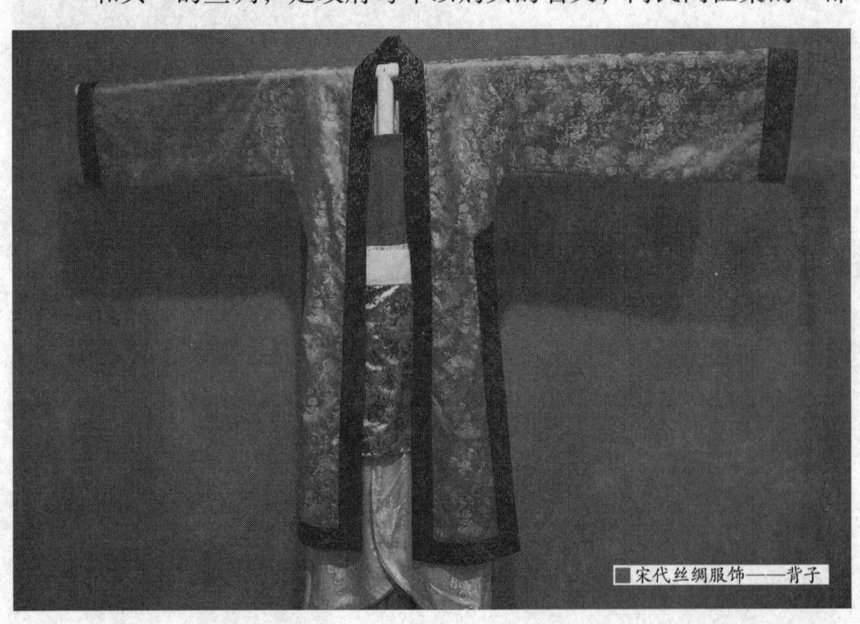

宋代丝绸服饰——背子

分丝织品。初时付钱，但多比市价为低。后来，则只索绢而不付款，实际上是一种附加税。

自宋代起，南方丝织产量全面超过北方，完成了丝织业重心自唐代起由北逐渐南移的过程。据《宋会要辑稿》载，北宋中期全国年上供丝绸总计355万匹，东南和四川共计257万多匹，占全国三分之二，其中仅江浙一隅就达125万多匹，占全国三分之一以上，丝绵则超过三分之二，北方各地仅占四分之一。

宋室南渡后，北方官商及手工业者大量南渡，进一步推进了南方丝织业的发展，1141年，东南诸路每年仅夏税及和买绢就增加到300万匹左右。

这些数字不仅反映出随着当时经济中心的南移，丝织业重心已从黄河流域正式转移到长江中下游，还说明江浙地区已完全取代了北方山东、河南等丝织业中心的地位，并奠定了明清以后江苏和浙江两地丝绸兴盛不可动摇的格局。

总之，唐宋时期是我国丝绸业大发展的时期，丝绸制品也达到了我国丝织品历史上的一个高峰期。无论产量、质量还是品种都达到了前所未有的水平，同时丝绸的对外贸易也得到巨大发展。丝绸的生产和贸易，为唐宋社会的繁荣做出了巨大的贡献。

阅读链接

唐代，是我国封建社会的鼎盛时期，无论是人们的思想还是物质生活都达到了历史的高峰。唐代开始，工艺装饰普遍使用花卉图案，其构图活泼自由、丰满圆润。特别是波状的连续纹样与花草相结合后，就是唐代盛行的缠枝图案。

唐代服饰图案，改变了以往那种以天赋神授的创作思想，用真实的花、草、鱼、虫进行写生，但传统的龙、凤图案并没有被排斥，这也是由皇权神授的影响而决定的。这时服饰图案的设计趋向于表现自由、丰满、肥壮和雍容华贵的艺术风格。

元明清丝绸业的发展

元、明、清三代丝织生产进一步发展。这一时期，不仅江南苏州、常州、镇江、湖州、杭州、南京的丝织业一直非常兴旺，西南成都地区以及北方的北京、涿州、太原的丝织业也相当昌盛。

元、明、清三代的丝绸生产技术，是我国古代丝织技术的最高水平。这一时期的丝织生产，差不多都是通过两个方面经营的，一是继承了历代王朝均曾设置属于官办性质的丝织手工业，二是广大的民间生产者。

古代绸缎帽子

官办丝绸业资金充足，并且集聚了大批高水平的技术工人，因而都能织造各种极为高贵华美的丝织物。人们常

■古代绸缎庄

常提到的元代的大都织染局、成都绫锦局，明代的两京染局、南京礼帛堂、苏州织染局、杭州织染局，清代的江宁织染局、苏州织造局、杭州织造局，就属于这类的织作机构。

同时，有些地区社会经济繁荣，尤其是江南一带民间丝绸业的技术水平也有大幅度提高，也能织造出大量高水平的产品。

在这一时期，从事丝织业的人数，在历史上可以说是最多的。据记载，元代的大都织染局“管人匠六千有三户”，计工匠6003人；宁国路织染局“签拨人匠八百六十二户”，计工匠862人；绫锦局“总二百八十一户”，计工匠281人；苏州织造局有“织金绮纹工三百余户”，计工匠300余人。元代仅这4处就有丝织工匠7400余人。

大都 或称元大都，突厥语称为“汗八里”，意为“大汗之居处”。1267年至1368年，为元代国都。其城址位于今北京，城郭残垣在蓟门桥西南，墙基仍清晰可见。

在明代，南京司礼监礼帛堂有“食粮人匠

■清代绸缎店铺

一千二百余名”，南京内织染局有“军民人匠三千余名”，苏州织造局有“各色人匠计六百六十七名”，北京内织染局有“掌印太监一员，总理签书等数十员”，管理人员有这么多，工匠当然会更多了。明代仅这4处加起来，至少也有五六千人。

在清代，北京内织染局康熙末年有“匠役八百二十五名”；乾隆时江宁织造局有“匠役二千五百四十七名”，杭州织造局有“匠役二千三百三十名”。

至于民间织造作坊的工匠和个体从业者，明清时期就更加庞大了。据有关记载，明代苏州的居民大半“以丝织为业，机声轧轧，子夜不休”，尤其在这个城市的东半部“郡城之东，皆习机业”，“家杼柚而户纂组”；吴江盛泽镇“居民稠广”，“俱以蚕桑为业。男女勤谨，络纬机杼之声，通宵彻夜”；嘉兴濮院镇

织造局 明清时期于江宁、苏州、杭州各地设专局，织造各项衣料及制帛诰敕彩缯之类，以供皇帝及宫廷祭祀颁赏之用。明代于三处各置提督织造太监一人，清代时改任内务府人员。另外，江宁、苏州、杭州的织造局在清代被称为“江南三织造”。

"万家灯火，民多织绸为业"；山西潞安"其登机鸣杼者奚啻数千家"。

清代乾隆、嘉庆时，江宁通城仅缎机便有3万台，纱绸绒绫之机尚不在此数；苏州东城每户必织，"不啻万家"；杭州则"东城机杼之声，比户相闻"。所有这些，现在读来仍不难想象其时的盛况。

明清时期商品经济进一步得到发展，丝绸贸易日臻活跃，出现了大量丝绸牙行和丝绸牙人，牙人就是中间商。据记载，当时苏州丝绸充斥于市，招致各方商贾蜂拥而至，甚至连远在西南偏僻地区的商人，也不顾道路艰险，来到苏杭购买丝绸新品种，然后回去贩卖。

另如明代话本小说中也经常出现丝绸贸易的场面，如冯梦龙小说集《醒世恒言》中《施润泽滩阙遇友》一篇，就是讲自明朝一直盛产丝绸的江苏省吴江县盛泽镇上的施复夫妇经营丝绸发家的故事。

牙行 是我国古代和近代市场中为买卖双方介绍交易、评定商品质量、价格的居间行商。汉代称驵、驵侩，唐、五代称牙、牙郎、牙侩，宋代、元代、明代又有引领百姓、经纪、行老等称呼。"牙行"一词始见于明代。牙行以经营牲畜、农产品和丝绸布匹等手工业品为主，也有居间包揽水运雇船的，称埠头。

■绸布店员蜡像

生意火爆的绸布店

小说内容反映了明代社会经济情况以及有关桑蚕的生意：

嘉靖年间，这盛泽镇上有一人，姓施名复……家中开一张织机，每年养几筐蚕儿，妻络夫织，甚好过活。这镇上都是温饱之家，织下绸匹，必积之十来匹，最少也有五六匹，方才上市，那大户人家织得多便不上市，都是牙行引客商上门来买。

那施复是个小户儿，本钱少，织得三四匹，便去市上出脱……施复每年养蚕，大有利息，渐渐活动……那施复一来蚕种拣得好……凡养的蚕，并无一个绵茧，缫下丝束，细圆匀紧，洁净光莹……织出的绸拿上市去，人看时光泽润滑，都增价竞买，比往常每匹平添了许多银子。因有这些顺溜，几年间就增上三四张绸机……蚕丝利息比别年更多几倍……夫妇依旧省吃俭用，昼夜经营，不上十年，就长有数千金家事，又买了左近一所一大房屋居住，开起三四十张绸机。

书中还有一段对该镇丝绸交易盛况的描写：

> 那市上两岸绸丝牙行，约有千百余家，远近村坊织成绸匹，俱到此上市。四方商贾来收买的，蜂攒蚁集，挨挤不开，路途无伫足之隙。乃出产锦绣之乡，积聚绫罗之地。江南养蚕所在最多，唯此镇最盛。

小说一方面生动地反映了南方城镇丝织交易的繁荣景象，另一方面也说明当时丝绸生产日益商品化，刺激了丝织生产技术的改进和提高，丝织业生产者不但能解决温饱，勤俭且有独到技术者还可靠它致富。

《食货志》 我国历代食货志分别记述了田制、户口、赋役、漕运、仓库、钱法、盐法、杂税、矿冶、市籴、国家预算等制度，为了解历代政府的经济政策和当时社会经济状况提供了重要史料。在这方面，《汉书·食货志》为后代修史树立了一个典范。“二十五史”中的后二十三部均仿《汉书》而专辟《食货志》，可见其影响。

元、明、清这一时期的丝绸产量，没有完整的统计，但仍可见一斑。据《元史·食货志》载：1263年计课丝712171斤；1265年计课丝986912斤；1266年计课丝1053226斤；1267年计课丝1096489斤；1328年计课丝1098843斤，绢350530匹，绵72015斤。所课之丝均在70万斤至100万斤左右（1千克=2斤）。这里的“课丝”，是指政府征收税赋中的丝产品。

■挑选绸缎的客人

元代织绢所用丝料大都是1匹绢用1斤或稍多一点的丝，这

明清暗花丝绸冬衣

些丝即可织70万匹至100多万匹绢，若再加所课之绢，其年产量当都在200万匹左右。

另据有关记载，明代永乐年间，每年征集的绢、布，平均为938426匹，最多的是永乐年间的1413年，竟达1878828匹。如果去掉布这一项，其所征之绢亦为50万匹至90万匹，也是相当可观了。从数字上看，虽不及唐、宋，但这主要是因为我国自宋代起各个地方都大力发展棉织，一般的人也趋于穿棉布，否则，肯定会远远超过这个数目的。

这个时期绫、罗、绸、缎、纱、锦等各大类品种的纹样花型、产品质量和风格在继承前代的基础上，又有了新的发展，并分化出许多有地方特色的名优产品。

阅读链接

江南三织造是清代在江宁、苏州和杭州3处设立的、专办宫廷御用和官用各类纺织品的织造局。管理各地织造衙门政务的内务府官员，亦通称织造。

1684年，在苏州织造署西侧建行宫，作为皇帝“南巡驻跸之所”。原织造署规模很大，设施齐备，清咸丰年间毁于兵火，清同治年间重建，但未能恢复旧观。苏州织造署旧址还保存有清《制造经制记》及清顺治、乾隆、同治年间修建碑记，是“江南三织造”中现存遗迹最多的一处。

明清著名绸制品与工艺

明清时期丝绸业的发展，使得绸类品种日益丰富。广东的莨绸，桐乡濮院的濮绸，苏州的绉绸和绵绸，山西的潞绸，都是这一时期最为著名的品种。

广东的莨绸又名“黑胶绸”，其组织结构是平纹，手感清凉爽

古代染坊

■正在晾晒的绸匹

滑，制作过程完全是纯手工，需要复杂的工序，十多天方可完成。

《广东志》记载，莨绸诞生在清道光年间，是南海丝织农户家庭手工的产品。当时在南海西樵，民间用薯莨染整，用于真丝平纹织物上，晒莨后的成品称为莨绸。

真丝 一般指蚕丝，包括桑蚕丝、柞蚕丝、蓖麻蚕丝、木薯蚕丝等。真丝被称为“纤维皇后”，以其独特的魅力受到古往今来的人的青睐。真丝属于蛋白质纤维，现代研究证明，丝素中含有18种对人体有益的氨基酸，可以帮助皮肤维持表面脂膜的新陈代谢，故可以使皮肤保持滋润、光滑。

薯莨是长在岭南山上的藤本植物，是薯莨的球状块茎，是制作莨绸至关重要的原料。

薯莨具有药活血、止血、消毒、散气的药用价值，岭南湿热、蚊虫多，原住民用薯莨这种岭南原生态植物的汁液作为消炎、止痒、止血的常用中草药。原住民又用它来染布，用莨绸做成的衣物凉爽、舒适，并且对皮肤有益处。明代医药学家李时珍在《本草纲目》中说：“赭魁闽人用入染青缸中，云易上色。”赭魁即薯莨。

在近千年的莨绸制作历史中，岭南薯莨在山野间天然、自由地生长着，从不需要人工种植。人与薯莨相濡以沫，彼此照顾着对方的需要。

莨绸是以桑蚕丝为原料织成白坯绸，再用植物中草药薯莨的汁液浸染，在日出前将经过浸染的白坯绸铺在草地上，布面涂抹广东当地独特的无污染小河塘泥，在露水的蒸腾中，薯莨汁与塘泥相互渗透交融，莨绸的油润的光泽逐渐显现。

莨绸的制作要经过好几道工序。先要准备坯绸，并将其一律剪成16米左右一段，便于工人晒莨时单人手工操作。

然后把磨碎的薯莨放于竹萝内浸于水槽中浸汁。再把准备好的坯绸放入水槽中，用最浓的“头过水”浸过绸面并不断用手翻动，使绸匹浸透，吸匀薯莨水。根据每天的进度和印染数量，随时调节薯莨汁的浓度。这种调配全凭长期积累的实践经验。

将浸好的绸匹置于“爬地老鼠”草地上摊开晒干，并压上竹竿防止卷边。晒莨是最关键的工艺，受日照和温度限制很大，只能在每年的3月到11月进行。其中农历小暑、大暑、立秋三天日照强烈、气温过高，会使绸纱变硬发脆，因此不宜晒莨。11月份以后，由于北方干燥的季候风南下，晒莨也不宜进行。

《本草纲目》 明代医药学家李时珍撰写的药学著作，52卷，共190多万字，载有药物1892种，收集医方11096个，绘制精美插图1160幅，分为16部、60类，是我国古代汉族传统医学集大成者。此书被誉为“东方药物巨典”，对人类近代科学以及医学方面影响最大，是我国医药宝库中的一份珍贵遗产。

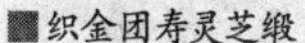
■织金团寿灵芝缎

穿着莨绸的明代仕女

绸匹晒干后，用洒桶盛着莨水洒到绸匹上，洒上莨水后还要用蒲叶帚扫匀。这样重复好几遍，以便让新绸匹染色更均匀。

把绸匹放到特制的封水槽中用莨水反复浸透，再拿到晒场反复曝晒。

将已封过莨水的绸匹置于大铜锅中用莨水煮，并不断翻动，使其煮得匀透，绸匹松身，再自然脱水、晒干，增加色泽度。

待这些工序基本完成，绸匹晒干后将其卷成筒状。此时绸匹已成半成品。

加工半成品时有一道工序叫“过河泥”，这是晒莨的关键，必须在日出之前进行。凌晨四五点，晒莨师傅们将绸匹正面向上平摊于洁净的地面上，把河泥均匀涂于绸面上停置一段时间，使其颜色变乌为止。

将过乌后的绸匹甩入河涌清洗，再以清晨微弱的阳光晒干。至此，绸面已变得乌黑油亮。然后经过最后一次封莨水，再平摊于草地上晒干。经过反复曝晒后的莨纱，虽然已充分吸收了薯莨汁液，但是绸匹手感较硬。

为了使绸匹变得柔软，这时还需要一个叫摊雾的工序：将绸匹在天黑时分平摊在“爬地老鼠”草地上。此时，日已西沉，草根吸收了土壤里的水分滋润到草身，绸匹由此也吸收了水分而软化。

莨绸是我国丝绸的一个传奇，经过后人的挖掘和进一步加工，其工艺日臻完善，产品更加精美。诞生于清光绪年间的莨绸，已经成为丝绸中的极品。

桐乡濮院的濮绸是传统丝绸产品，是我国历史上著名的丝绸之一，有“天下第一绸”之称。

濮院镇 位于浙江省桐乡市东部略偏北。古地名为李墟，又称御儿。濮院是我国濮绸的故里，素有“以机为田，以梭为耒”的传统，自宋代濮氏迁居本地以后，农桑和丝织业得到很大发展，所产濮绸白净、细滑。明清时是江南著名的丝绸专业市镇。所产濮绸品种繁多，有绸、绢、绫、罗、纱等。

濮院镇位于桐乡东部。它历史悠久，人文荟萃，经济发达，是江南五大名镇之一。濮院因南宋皇亲濮凤及其子孙曾在此居住，后又被宋理宗赐为濮氏府第而得名。

■明代火龙蔽膝

濮院出产的濮绸历史久远，它起始于南宋，兴盛于明清。据明《濮川志略》记载：

> 南宋淳熙以后，濮氏经营蚕织，轻纨纤素，日工日多。元濮明之立四大牙行，收积机产，远商云集，遂有永乐市之名。隆万间改土机为纱绸，制造绝工，濮绸之名遂著远近。

明代朝廷鼓励栽桑养蚕，促进了濮绸的进一步发展，濮院丝绸业日兴。从此，镇上居民“以机为天，以梭为禾”，精于织造，织出了闻名海内外的濮绸，有“日出万匹绸”之称。

清康熙、雍正、乾隆年间，丝绸产销进入鼎盛时期，形成了以濮院为核心的蚕桑丝织区域商品经济中心。《浙江通志》记载：

> 嘉锦之名颇著而实不称，惟濮院生产之纺绸，练丝熟净，绢绸受宠，是以一镇之内坐贾持衡，行商糜至，终岁贸易不下数十万金。

当时的濮院镇万家灯火，民多以织绢绸为生，史称“工商巨镇”。所产濮绸品种繁多，绸有花绸，绢有花绢、官绢、箩筐绢、素绢、帐绢、画绢，绫有花、素、锦，罗有三梭、五梭、花罗、素罗等。清代后期又模仿湖绉，盛产濮绉。濮绸行销全国，尤以“大富贵”、“小富贵”等花样儿的濮绸，更受北方人的喜爱。

■《红楼梦》中身穿绸衣的丫鬟

濮绸具有质地细密、柔软滑爽、色彩艳丽、牢度坚强等特点，跟当时的杭纺、湖绉、菱缎合称江南“四大名绸”，不仅远销海外，而且是历代朝廷的贡品。

据传，明朝永乐

■苏州绸缎

年间，皇帝为显示大明威望，要在长城东端的山海关上，树一面大纛旗。因山海关上风沙极大，用其他绸缎制作的旗帜，挂不了几天就会被大风撕破。后来他们选用濮绸制作了一面旗帜，果然经久不破。因旗上书有“天下第一关”5个大字，字与旗交相辉映，故人们夸赞濮绸为“天下第一绸”。

当时苏州的绉绸和绵绸也非常有名。苏州的绉绸是用丝或棉等各种纤维织成的轻薄织物，用紧拈纱，或烧碱印花，或用压花方法使绸面起绉。

绉绸在清代曾被用于富贵之家。清代小说家曹雪芹在《红楼梦》第二十四回描写贾母的大丫头鸳鸯时说：

> 回头见鸳鸯穿着水红绫子袄儿，青缎子背心，束着白绉绸汗巾儿，脸向那边低着头看针线，脖子上戴着花领子。

《红楼梦》 清代小说家曹雪芹所著章回体小说，原名《石头记》，又名《情僧录》《风月宝鉴》《金陵十二钗》等，梦觉主人序本正式题为《红楼梦》。共120回，前80回曹雪芹著，后40回无名氏续，程伟元、高鹗整理。《红楼梦》是一部具有高度思想性和高度艺术性的伟大作品，代表古典小说艺术的最高成就，居于我国古代“四大名著”之首。

胡三省（1230年—1302年），字身之，宁波宁海人。我国宋元之际史学家。著有《资治通鉴广注》97卷，论10篇。临安失陷后，手稿在流亡途中散失。宋亡后，重新撰写，1285年完成《资治通鉴音注》294卷及《释文辩误》12卷，对《通鉴》作校勘、考证、解释，对《释文》作辨误，并对史事有所评论。

鸳鸯因为她家世代在贾家为奴，所以甚受信任，在贾府的丫头中有很高的地位。鸳鸯的出场并无让人惊艳之处，却是温柔气息扑面而来。“水红绫子袄儿，青缎子背心，束着白绉绸汗巾儿”，对鸳鸯装束的着意描述，显露了她的地位在其他丫头之上。

苏州的绵绸是利用将不适宜缫丝的茧剥为绵而捻织形成的低档丝织品，是一种平纹绸。织物表面不光整，但厚实坚牢。

苏州郊区洞庭西山和嘉兴、湖州各地生产绵绸由来已久，宋元之际史学家胡三省说：

> 棉绸，纺棉为之。今淮人能织棉紬，紧厚，耐久服。

清代苏州籍宫廷画家徐扬描绘苏州风物的巨幅画作《姑苏繁华图》，原名《盛世滋生图》，其中出现

■《姑苏繁华图》中的丝绸交易场景

身穿潞绸的明代妇女

丝绸店铺有多家，如绸缎庄、绵绸、富盛绸行、绸庄等，基本上将当时江南生产的丝绸品种以及丝绸业中生产形式的全貌反映了出来。苏州绵绸在清代已经是特色大宗丝绸产品。

潞州的潞绸，即古潞州织造之绸。潞州指的是隋唐时期的山西上党。潞绸产生于何代，已不可考，但有一点是可以肯定的，在明代潞绸曾发展到鼎盛时期，山西的潞州因此成为北方最大的织造中心。

明太祖朱元璋之子朱模就藩于潞安府后，在山西设立织染局，主管为皇家派造潞绸，使潞绸在潞州形成了一个庞大的织造规模，是当时泽潞乃至山西地区进贡的主要产品和赋税的大宗来源，盛极一时。

据《潞安府志》记载，明洪武初年，潞州六县有桑树8万余株，织机9000余张，绸庄丝店遍布街巷，机杼之声随处可闻。

其实，早在盛唐时期，潞绸就已成为山西州府向朝廷进贡的主要物品。当时的潞绸已闻名北方，潞绸做工极为精细，染色工艺相当精美。唐代潞绸业的发展带动了一批潞商的兴起，当时大部分农户开始“专事机杼，不问耕耘”。

据《山西通志》记载，盛唐时山西的丝与绸就已在丝绸之路通行，而且山西人在西域诸国传授缫丝织绸技术，说明山西当时的缫丝、织绸技术已相当成熟与发达。

李贺（790年—816年），字长吉，唐代河南福昌人。唐代著名诗人。他的诗作想象极为丰富，经常应用神话传说来托古寓今，所以后人常称他为“鬼才”，创作的诗文为“鬼仙之辞”。代表作品有《李凭箜篌引》《雁门太守行》《金铜仙人辞汉歌》《秋来》等。

唐代著名诗人李贺在仕途失意之后，曾到潞州寓居三年多。他在潞州曾写过一首《染丝上春机》：

玉罂汲水桐花井，茜丝沉水如云影。

美人懒态燕脂愁，春梭抛掷鸣高楼。

彩线结茸背复叠，白袷玉郎寄桃叶。

为君挑鸾作腰绶，愿君处处宜春酒。

这是潞州丝织的全过程：从汲水浸丝，到少女静坐高楼，纺织绸帛，织出“腰绶”，再送给心仪的男子佩用。这种已臻完美的丝织技术，应该是李贺的亲见。

明初的潞绸品种丰富多彩，有天青、石青、沙蓝、月白、酱色、油绿、秋色、真紫、艾子色等十余种花色。

身着白绸的明代民间女子

潞绸的规格分大绸、小绸两种，大绸每匹长六十八尺，宽二尺四寸；小绸每匹长五尺，宽一尺七寸。据《明会典》载，当时明代通行的贡绸，宽二尺，长三丈五尺。而潞绸中大绸的规格比朝廷的宽长，这说明潞州所用的织机和机户的技术，在当时已属于先进水平。

明万历年间，潞绸发展到鼎盛时期，“士庶皆得为衣”，此时潞绸作为普通百姓的饰品，充实了人们的物质生活和审美情趣。

■清代蓝色江绸平金银夹龙袍

明代中期以后，潞绸成为畅销全国的产品。尽管山西出产丝绸的州县很多，但产量最多、织工精细、花色品种繁多者，要数潞、泽两州的潞绸。潞绸已闻名天下，这就是明代小说中屡屡提到潞绸的原因。

创作于明万历年间的《金瓶梅》有17处提到潞绸，同时期的另一部名著《醒世恒言》也多处提及潞绸，在其他典籍中也经常看到关于潞绸的记载和描写，由此可以想见潞绸生产和销售的繁荣情况。元末明初的杂剧《李素兰风月玉壶春》中提到并描写了一位山西潞绸商人，装着30车洋绒潞绸到浙江嘉兴做买卖，结识了李素兰的一段故事。

明代宫廷所用潞绸属北方织锦，传世品不多见，传世文物有北京定陵出土的明寿桃纹双面锦、北京上方山寺庙藏明海棠长寿纹潞绸等。现存明代潞绸最重要的还属定陵出土的明万历孝靖皇后棺内的“红色竹梅纹潞绸”，颜色鲜艳，花纹清晰，纹饰图案为写实竹叶与梅花，是完整的一匹。织造于明代万历年间的玉兰花纹潞绸、长安竹潞绸目前都收藏于北京故宫博物院。

清代也是潞绸长足发展的阶段，据史书记载，长平、上党两地每年生产丝绸达3000匹。

杂剧 是在宋金时期诸宫调基础上发展起来的一种文学样式，是一种把歌曲、宾白、舞蹈结合起来的艺术形式。杂剧的体裁，首先是一本四折的形式，这是受宋杂剧演出时分为四段的影响，四折之外又可以加两个“楔子”。杂剧有三个构成部分：宾白、唱词、科介。三者交相配合，推动剧情的发展，刻画人物的性格。

清代潞绸因为它的精巧亮丽，成为天下流行的抢手货，甚至出口海外。清乾隆年间的《潞安府志》记载：

贡篚互市外，舟车辐辏者，传输于省、直，流衍于外夷，号利薮。

明、清两代，潞绸作为皇室贡品，一度代表了山西乃至全国纺织技术的较高水平。

慈禧太后当初怀了“龙子”，由“兰贵人”升至“懿嫔”，正当“万千恩宠集一身”的时候，皇上下令内务府准备春绸七丈五尺一寸，潞绸八丈一尺三寸，白、蓝高丽布各三匹，白漂布、蓝扣布各两匹，给未出生的小皇子做衣服、被褥，其中潞绸的价值可见一斑。

潞绸曾经有过一段超乎寻常的辉煌。故宫的藏品龙袍上赫然标明的“潞绸”二字就明白无误地告诉世人，潞绸不是一般的粗绸，它是可供皇室使用的绸中精品。

阅读链接

濮院绸业的兴旺，据传跟刘伯温有关。元代末年，刘伯温成为当时义军首领朱元璋的军师。他熟知天文地理，常为朱元璋出谋划策。

一次，刘伯温随义军转战，从濮院经过。他在市上走了一圈，见此镇地形椭圆，四周环水，好似盖在池面上的一片荷叶。他想，濮院是一块风水宝地呀，又是前朝皇亲的府第，将来说不定要出天子。若真如此，未来朱元璋的江山岂不危险？为此，他决心施计破掉这块宝地的风水。他鼓励千家百户挖坑安装绸机，让众人在这块荷叶地上挖上千百个坑，荷叶挖碎了，宝地也就破了。后来，濮院居民家中的绸机果然安装了不少，丝绸业更加发达。

锦绣辉煌

锦是用染好颜色的彩色经纬线经提花、织造工艺织出图案的织物。我国古人创造出了云锦、蜀锦、宋锦、壮锦等产品，此外还有金锦织品纳石矢。

织锦技术的高低，反映了我国古代各个历史时期的纺织技术水平。云锦绚丽多姿，美如云霞；蜀锦工艺独特，被誉为“东方瑰宝，中华一绝”；壮锦具有浓艳粗犷的民族风格；纳石矢则具有浓郁的伊斯兰风格。这些锦织物制作精良、图案精美，是我国优秀传统文化的杰出代表。

两汉时的织锦与刺绣

从汉代开始，由于丝绸之路的开通，丝绸大量输出，我国丝织品在国际上从此确立了自己的重要地位和影响。汉代还实行“均输”政策，在部分地区实行以丝绸实物代替租税，使丝绸成为了百姓的经济来源。

在国际、国内大环境的刺激下，汉初养蚕、织丝得到发展，汉代织锦和刺绣因此大放光彩，上承战国，下启隋唐，在我国丝绸史上形成了一个重要的转折期。

汉代锦袍

据史载，西汉初年，成都地区的丝织工匠就在织帛技艺的基础上，用多种彩色丝织成多彩提花织物，这就是织锦。因为盛产于蜀，所以称为于蜀锦。蜀锦在我国丝绸发展

■ 联珠对孔雀纹锦覆面

史上占据着重要的地位，对各朝代政权稳定和经济发展均产生重要影响。

锦是以彩色丝线织出斜纹重经组织的高级提花织物，它是汉代丝织技术最高水平的标志。后来的西晋著名文学家左思在他的传世佳作《蜀都赋》中，曾经生动描绘了蜀国织锦业的盛况：

> 伎巧之家，百室离房，机杼相和，贝锦斐成，濯色江波。

成都当时还为工匠建立了锦官城，把作坊和工匠集中在一起管理。成都的别名“锦城”就是这样来的，“锦江”的雅称也是源于“濯色江波”。

汉代织锦的组织均系4枚纹变化组织，运用一上三下、二上二下、三上一下等基本规律和不同色线提经起花。一般可分为二色锦、三色锦和多色锦3类。

均输 西汉的一项财政措施，由桑弘羊制定。在大司农属下置均输令、丞，统一征收、买卖和运输货物。均输法长期为封建理财家所推崇和引用。如唐代刘晏在管理财赋时，就运用均输法，以租赋和盐利收入采买当地的土特产品，通过漕船运往汴州及关中一带出售，取得了好效果。

■汉代“延年益寿大宜子孙”锦袜

二色锦，如马王堆汉墓出土的隐花孔雀纹锦，经纬密度为每厘米118根和48根。隐花星形花卉纹锦的经纬密度为每厘米112根和45根。纹样设计以线条为主，写意和块面纹较少。

二色锦的花经和地经的色泽相近，要在侧面光照射下才显出花纹。在甘肃居延遗址和新疆罗布淖尔遗址均有出土。

三色锦，如马王堆汉墓出土的几何纹锦、绀地绛红鸣鸟锦、香色地红茱萸锦等。绀地绛红锦的经纬密度每厘米为153根和40根。纹样设计运用线条、块面和点子相结合。

东汉的三色锦出土数量较多，如新疆民丰的“万世如意”锦、“延年益寿大宜子孙”锦、罗布淖尔的“韩仁”锦。

多色锦，如马王堆汉墓出土的凸花锦和绒圈锦等。绒圈锦以4根为一组，环状绒圈高于织物表面1倍以上，它是一种特殊织锦。其经纬密度每厘米为176根至224根和41根至50根。这种织锦必须用花楼装置和双经轴织成。

这种绒圈锦在湖北江陵凤凰山汉墓、河北满城汉墓及甘肃均有出土。它是我国发现最早的绒类织物。

1995年10月，考古工作者在新疆尼雅古精绝国国王的墓葬中出土了大量精美绝伦的汉代丝绸，其色彩

马王堆汉墓 马王堆位于长沙东郊浏阳河西岸。2号墓墓主为第一代轪侯利苍，1号、3号墓分别为利苍的妻、子之墓。马王堆汉墓的发掘，对研究西汉初期的历史、文化和社会生活等方面提供了重要的实物资料，具有巨大价值，其出土文物异常珍贵。

之斑斓，织工之精细，实为罕见。其中一块织锦护膊尤为光辉灿烂、耀人眼目，被定为国宝级文物。青底白色赫然织就8个汉隶文字：

五星出东方利中国

在发掘现场，人们被这千年织锦所透出的国人民心归一统、祈盼和平的愿望所打动。该锦历经千载仍色彩斑斓，锦上除织有“五星出东方利中国”的文字外，还织有鸟兽、日月等汉代流行的文饰，还有别出心裁的“五色”运用等，耐人寻味。

此护膊的铭文“五星出东方利中国”8字，出自《史记·天官书》：“五星分天之中，积于东方，中国利；积于西方，外国用者利。”古代的“五星”

汉隶 汉代隶书的统称。相传为秦人程邈所作，由小篆省简变化而成。因东汉碑刻上的隶书笔势生动，风格多样，而唐人隶书字多刻板，称为“唐隶”，故学写隶书者重视东汉碑刻，把这一时期各种风格的隶书特称为“汉隶”，以别于“唐隶”。

■ “五星出东方利中国”锦护膊

指岁星、荧惑星、填星、太白星和辰星。天地回转，日月流逝，五星难以聚合。但是，公元前202年农历十月，五星聚于东井，这在《天宫书》《汉书》《张耳传》《汉纪》均有记载。

此护膊采用的青、赤、黄、白、绿“五色”，皆为秦汉以来发展广泛的植物染料所得。“五色”为青、赤、黄、白、黑，而该锦用色为青、赤、黄、白、绿，其中绿应为黑，这里用了绿色，可能黑色不够亮丽而以绿色代之。

汉代刺绣工艺也大有进步。就出土实物看，汉代刺绣已有多种针法。绣花图案不同于织花图案，绣品上的图案花纹形象是用“线”在织物表层来充分表现的，线的走向完全依据针法。

西汉时期刺绣工艺和生产都相当发达，20世纪50年代以来，在甘肃武威、新疆民丰、河北怀安及古五鹿等地，出土了不少汉代丝绸刺绣残片，从实物分析，当时的绣法已有平针、平针铺绒、辫绣、钉线绣、锁绣等。

湖南长沙马王堆1号汉墓出土的丝织物最能代表汉代的织绣工艺水平。墓中出土了百余件丝质衣被，鞋袜、手套，整幅丝帛及杂用织物，其中绣品就有40件。

这些丝织物色彩斑斓，纹饰图案十分丰富，而且加工技法多样。

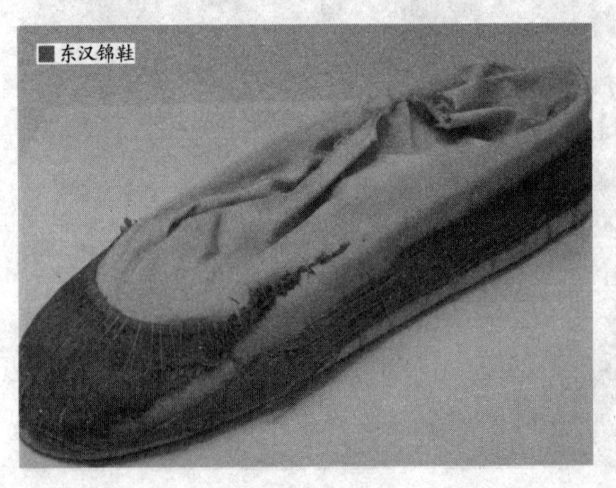
东汉锦鞋

单凭肉眼就能识别的颜色有近20种，如朱红、深红、青、黄、棕、黑、褐等。纹饰除传统的菱形图案外，还有各种云纹、卷草纹、变形动物纹及点、线等几何纹。花纹的加工技法有

汉菱格三角纹彩色锦

织花、绣花、泥金银印花、印花敷彩等。

从这里可以看出，汉代丝织已朝着技能专业化方向迈进，工艺日益复杂，技能分工更加细化，从缫丝、捻丝、纺线到织、印、染、绣，每个环节都开始表现出日益复杂的专业技能以及相应的专用工具和设备、材料。

同墓出土的一件素纱禅衣，重量仅48克，而衣长160厘米，袖通长195厘米，除去边缘厚重的部分，纱的实际重量1平方米仅12克至14克重，较之现代的一些真丝织物还要轻很多，可以说是薄如蝉翼，这样轻薄的素纱织物，突出地反映了汉代高超的蚕丝缫纺技术。

阅读链接

东汉末年，魏、蜀、吴三国分立，形成鼎足之势。在当时，蜀国的实力不足，最为弱小，蜀国丞相诸葛亮辅佐刘备，把蜀锦作为国家战略物资而加以发展，并颁布法令说：“今民贫国虚，决敌之资，唯仰锦耳。”这表明蜀锦在当时的蜀国具有重要意义，已经被当作蜀国政府财政收入的主要来源之一。

为表示和吴国的友好，诸葛亮还专门派遣使节送“重锦千端”到吴国，劝孙权与蜀国和好，共同对付北方的魏国。当时的一端折合50尺。

唐代经锦和纬锦的风采

我国织锦工艺到唐代发展到高峰，唐代丝锦比之汉代在工艺、品种和纹样上都有新的发展和创新。

唐太宗时期，有一个叫窦师伦的人，他在四川益州大行台任上时，曾创制了许多锦、绫新花样，如著名的雉、斗羊、翔凤、游麟等，这些章彩奇丽的纹样不但在国内流行，也很受国外欢迎。因为窦师伦被封为“陵阳公”，所以这些纹样被称为“陵阳公样”。

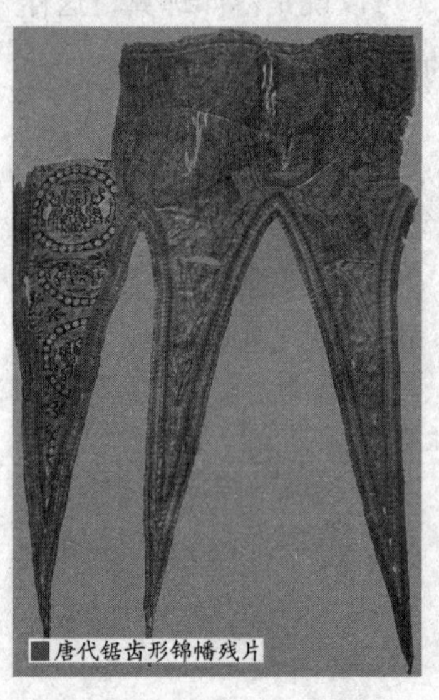
唐代锯齿形锦幡残片

从西北出土的丝织物及流传到日本而被保存下来的唐代织物中，还可以看到陵阳公样的特殊风格。如唐永徽四年的对马纹锦、和对狮、对羊、对鹿、对凤等纹样，都突破了六朝以来传统的装饰风格，又吸收了外来营养，富有独创性。大都以团窠为主体，围以联珠纹，团窠中央饰以各种动植物纹样，显得新颖、秀丽。

■联珠鸭纹锦

唐代文学家陆龟蒙在他所写《纪锦裙》一文中，叙述了他所见到的一条锦裙，锦裙上面织着20只势如飞起的鹤，每只都是折着一条腿，口中衔着花枝。鹤的后面，还有一只耸肩舒毛的鹦鹉。鹤和鹦鹉的大小不一，中间间隔着五光十色的花卉。

唐代韦端符写的《卫公故物记》中，提到一件紫色花绫袄子，袄上织着树木，树下有狻猊、骆驼等动物在奔驰，还有猎人在骑马射猎。

从文献和出土实物看，唐代锦的品种繁多，有以织作方法和纹样命名的，如透背锦、瑞花锦、大裥锦、瑞锦等；有以产地命名的，如蜀锦等；更有以用途命名的，如袍锦、被锦等。

唐代锦的组织结构，有经锦和纬锦之分。经锦是唐以前的传统织法，蜀锦即其著名品种之一，是采用二层或三层经线夹纬的织法。

蜀锦业到了唐代更加兴旺发达，从果州、保宁府等地所产的生丝源源不断地涌向成都，用这种丝制作的蜀锦质纹细腻、层次丰富，图案大多是团花、格子、莲花、对禽、对兽、翔凤等，色泽瑰丽多彩，花

狻猊 传说中龙所生九子之一，形如狮，喜烟好坐，所以形象一般出现在香炉上，随之吞烟吐雾。古书记载是与狮子同类能食虎豹的猛兽。明清之际的石狮或铜狮颈下项圈中间的龙形装饰物也是狻猊的形象，它使守卫大门的中国传统门狮更为峥嵘威武。

■唐玄宗穿锦袍召见官员场景

纹精致古雅，尤以团花纹锦、赤狮凤纹锦等品种较为珍贵。

唐代蜀锦图案是当时流行的花式，也是上层人物才能享受的精品。

唐玄宗李隆基身穿的五彩丝织背心，其费百金，曾经被当时的人视为“异物”；唐中宗李显之女安乐公主出嫁时的一条单丝璧罗龙裙，“飘似云烟、灿如朝霞”，系用“细如发丝”的金线织成，图案上的小鸟栩栩如生。此外，唐代还有专门为唐宫廷织的《兰亭集序》文字锦。

在唐代，蜀锦不仅成为当时上层贵族享用的奢侈品，而且通过丝绸之路形成东西方政治、经济、科技和文化的交流，成为我国沟通世界的桥梁与纽带。

唐初在以前丝锦的基础上，又出现了结合斜纹变化，使用二层或三层经线，提二枚、压一枚的夹纬新织法，这就是纬锦。夹纬始创于何时，现在还不十分清楚，但在唐代确已逐渐流行和普及。

《兰亭集序》 又名《兰亭宴集序》《兰亭序》《临河序》《禊序》和《禊贴》。东晋穆帝永和年间，王羲之与谢安、孙绰等41人，在山阴兰亭“修禊”，会上各人作诗，王羲之为他们的诗所写的序文手稿即是《兰亭序》。《兰亭序》中记述兰亭周围山水之美和聚会的欢乐之情，抒发好景不长、生死无常的感慨。

纬锦是用两组或两组以上的纬线同一组经线交织而成。经线有交织经和夹经，用织物正面的纬浮点显花。纬锦的经线是单色，纬线是多色。织机较经线起花机复杂，能织出比经锦更繁复的花纹和宽幅的作品。

考古发掘的实物资料证明，我国在唐代初年，就已经生产纬锦这种品种了，故宫博物院保存着一件从新疆吐鲁番阿斯塔那331号墓出土的瑞花几何纹纬锦，这件锦是和唐武德年间的文书同时出土的。

这件纬锦的花纹，是用一组蓝色的纬丝绸制品出斜纹组织的地纹，另外用两组纬丝绸制品出花纹。织花纹的两组纬丝中，有一组是白色的，专门用来织花纹的边缘部分；还有一组是分段换梭变色的，用来织花心部分，在标本上看到换梭的颜色有大红、湖绿二色。

这件文物标本还保留着17.3厘米长的幅边，从幅边能够清楚地看到纬丝回梭形成的圈扣以及幅边的组织规律。

唐代纬锦工艺的勃兴，是织锦工艺提高到新阶段的标志。纬线显花的工艺，可以克服传统的经线显花不能随意变换花纹色彩的缺陷，因为经线是固定在经轴上不能随时撤换的，而纬线只要随便改换不同色纬的织梭，就可以增加花纹色彩的变化，而且在织造时还可以通过打纬的运动增加纬密，使花纹织得更加细致精美。

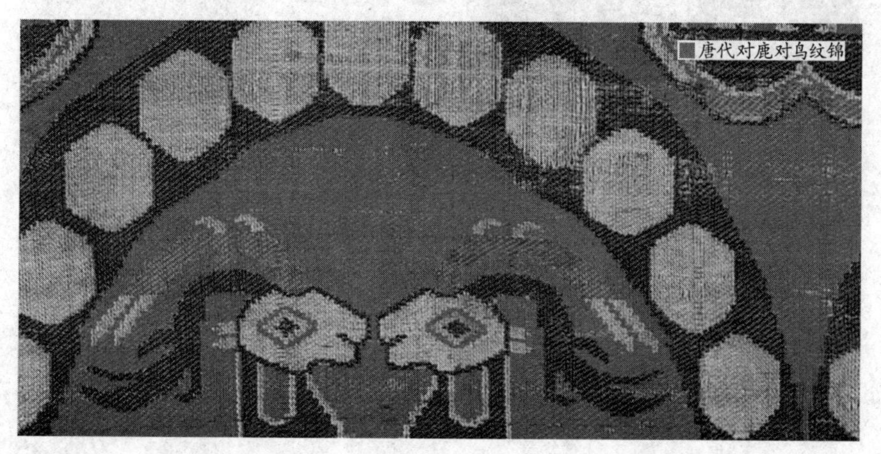
唐代对鹿对鸟纹锦

宝相花 我国传统装饰纹样之一，又称“宝仙花”、“宝花花”。盛行于隋唐时期。以象征富贵的牡丹、象征纯洁的荷花、象征坚贞的菊花为主题，在花蕊部位装饰些小圆圈，象征珠宝，在花朵边沿附加些小花、小叶，象征丰满繁盛。此种纹样广为装饰工艺和佛教艺术所采用，深受波斯和东罗马帝国艺术的影响。

唐代纬锦纹样题材广泛，构图丰满，色彩鲜明富丽。归纳起来有联珠团窠纹、宝相花纹和穿枝花。

联珠团窠纹由同样大小的圆形平排连接而成，并且圆环以联珠纹饰边，环内饰人物、动物等主题纹，环外空处饰四面对称菱形瑞花。

我国各地出土的唐代丝绸中，有一种“狩猎文锦”的花纹，锦上的形象有骑射的人物、飞奔的走兽、飞翔的鸟以及树木花草，都容纳在圆形的团花之中。在团花外面，还点缀着串珠形的图案，层次分明，组织紧凑。这一类构图通称为“联珠团窠纹”，是唐代流行的一种装饰形式。

宝相花纹是将自然形的花、叶用求心或放射的形式变化为装饰性花纹。

■唐代海蓝地宝相花纹锦

宝相花纹一般以某种花卉为主体，中间镶嵌着形状不同、大小粗细有别的其他花叶。尤其在花芯和花瓣基部，用圆珠进行规则排列，像闪闪发光的宝珠，加以多层次褪晕色，显得富丽、珍贵，故名“宝相花”。

穿枝花是将自然形的花、叶串在波状线的枝干上，可以无限长地向两方或四方延续连接。又称为唐草纹。

此外，唐代纬锦纹样还有写生型花鸟纹、狩猎纹以及各种形式的几何纹。

如果以唐代作为时代的分界，织锦技术可划分为两个阶段，唐以前是经锦为主、纬锦为辅，唐以后以纬锦为主、经锦为辅。可见纬锦的出现是唐代织锦技术上的一次非常重要的进步。

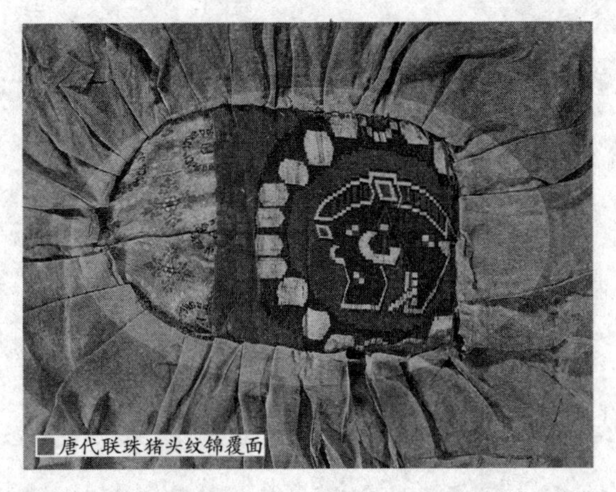
唐代联珠猪头纹锦覆面

现在出土和保存下来的唐代织锦实物较多。如新疆塔里木盆地和吐鲁番等地区也都出土过大量唐代织锦。塔里木出土有双鱼纹锦、云纹锦、花纹锦、波纹锦；吐鲁番出土有几何瑞花锦、兽头纹锦、菱形锦、对鸟纹锦、大团花纹锦等10多种。

此外，日本正仓院和法隆寺还保存了我国唐代大量织锦，计有莲花大纹锦、狮子花纹锦、花鸟纹锦、双凤纹锦、狩猎纹锦等十多种。

现存的这些唐代织锦实物，向我们显示了唐代集豪迈与秀美为一体的令人赞叹的织锦风采，虽然它们不能反映唐代织锦的全貌，但是仍然可以从中看出唐代织锦的特色及所达到的高水平。

阅读链接

我国唐代与日本的经济文化交流频繁，我国的织锦作品也有很多流向日本。日本正仓院保存的我国唐代大量织锦，是珍贵的历史实物，见证了中、日两国历史上的友好往来。

日本正仓院保存了一幅唐代狮子舞锦，一只狮子在宝相花枝藤中起舞。在每朵宝相花上面，都站立着载歌载舞的人物，有的打着长鼓，有的弹着琵琶，有的吹着筚篥，有的在舞蹈，花纹的单位足足有三四尺长。整幅画面气魄宏伟，充满着一片欢腾热闹的景象，给人以美的艺术享受。

两宋织锦与缂丝工艺

宋代民间的蚕丝生产和织帛生产开始有了分工。农村妇女养蚕缫丝，但却不一定自己织绸了，而是把蚕丝卖给专门的织帛之家机户去织绸。

养蚕和织帛的分工，大大推进了丝绸纺织业的发展。北宋文学家欧阳修在一首送客诗中写道："孤城秋枕水，千室夜鸣机"，可见民间丝绸纺织业已在城市兴起。

宋代红色绫地宝花织锦绣袜

织锦是北宋丝织生产中的主要品种，它吸收了花鸟画中的写生风格，图案形式显得更加生动活泼，图案的题材范围也进一步扩大，对后来的丝绸装饰艺术风格产生了深刻的影响。

北宋时期，成都是织锦

的重要产地之一，北宋政府在此设立了成都转运司锦院，专门生产上贡的八答晕锦以及皇帝赏赐臣僚的臣僚袄子锦等，还有为广西各少数民族所喜爱的广西锦。

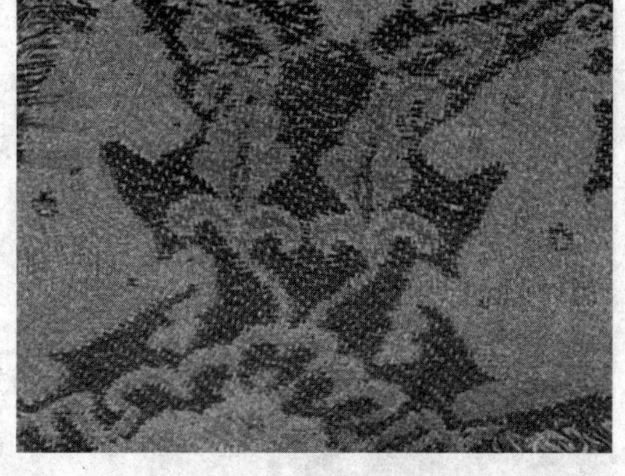

■宋代蓝地对鹿纹锦残片

八答晕锦用多边几何形作为图案的骨架，在骨架中的主要部位填入写生风格的花纹，在其他次要部位辅以各式细巧的几何形小花。它是由几何图案和自然形图案结合在一起组成的景色花纹，适合室内铺陈和装裱锦匣、字画裱首等用。这种图案形式一直到清代仍然很流行。

臣僚袄子锦是宋代皇帝在每年的端午节和十月初一赏赐百官用的。其中有一种“灯笼”图案，据说是宋仁宗在位时文彦博为了讨好仁宗的张贵妃而叫人设计的。灯笼图案象征“元宵灯节，君民同乐”，所以又称“天下乐锦”。

当时还有用南方翠色的羽毛捻成线，织出狮子纹样的织锦，称为“翠毛狮子锦”，也是宋代皇帝赏赐大臣的贵重礼品。

到南宋时期，织锦的产地主要在苏州。苏州宋锦是在具有悠久历史的蜀锦的基础上发展起来的。

晋末，因“五胡乱华”导致汉人衣冠南渡，蜀锦技艺传到江南。五代时吴越王钱镠在杭州设立一个手工业作坊，网罗了技艺高超的织锦工300余人。

五胡乱华 是指我国西晋时期，塞北游牧部落联盟趁中原的西晋王朝衰弱空虚之际，大规模南下建立胡人国家而与中华正统政权对峙。“五胡”是指匈奴、鲜卑、羯、羌、氐5个胡人的游牧部落联盟。

■宋代孔雀纹锦

南宋朝廷迁都杭州以后，在苏州设立了宋锦织造署，并将北宋时期成都转运司锦院的蜀锦织工、机器迁到苏州，以满足当时宫廷服饰和书画装帧的需要。至此，江南丝织业进入全盛时期，并形成了风格独特的苏州宋锦。

宋锦继承了蜀锦的特点，并在此基础上又创造了纬向抛道换色的独特技艺，在不增加纬重数的情况下，整匹织物可形成不同的横向色彩。织造上一般采用3枚斜纹组织，两经三纬，经线用底经和面经，底经为有色熟丝，作为地纹；面经用本色生丝，作为纬线的结接经。

染色需用纯天然的天然染料，先将丝根据花纹图案的需要染好颜色，才能进入织造工序。染料挑选极为严格，大多是草木染，也有部分矿物染料，全部采用手工染色而成。

几何纹 是几何图案组成有规律的纹饰。春秋战国时期，在其他纹饰衰退后几何纹成为主体纹饰。有龟甲、双距、方棋、双胜、盘绦、如意、长安竹、雕团、宜男、方胜、狮团、象眼等形式，这些花式名称，宋代继续流行，并对明清时期的织锦产生了深刻的影响。

宋锦图案一般以几何纹为骨架，内填以花卉、瑞草，或八宝、八仙、八吉祥。八宝指古钱、书、画、琴、棋等，八仙是扇子、宝剑、葫芦、柏枝、笛子、绿枝、荷花等，八吉祥则指宝壶、花伞、法轮、百洁、莲花、双鱼、海螺等。在色彩应用方面，多用调和色，一般很少用对比色。

宋锦属于织锦类工艺品，工艺复杂品种繁多。宋锦的品种有40多种，分为大锦、匣锦和小锦3类，它们各具风格和用途。

苏州宋锦

大锦是宋锦中最有代表性的一种，图案规整，富丽堂皇，质地厚重精致，花色层次丰富，常用于装裱名贵字画。其特点是在纬线上大量使用捻金线或纯金线，并采用多股丝线合股的长抛梭、短抛梭和局部特抛梭的织造工艺技术，图案更为丰富，常见的图案有植物花卉、龟背纹、盘绦纹、八宝纹等，产品主要是宫廷、殿堂里的各类陈设品和巨幅挂轴等。

大锦中的细锦在原料选用、纬线重数等方面比重锦简单些，厚薄适中，易于生产，广泛用于服饰、高档书画及贵重礼品的装饰装帧。

匣锦又称小锦，常见的组织有两种：一种配有特经，经斜纹地，纬斜纹花；另一种不用特经，在不规则6枚经缎纹地上起长纬浮花。

匣锦纹样多为小型几何填花纹或小型写实形花纹。纬丝一般用两梭长跑纬与一梭短跑纬作为纹纬，另有一梭地纬。经纬配置稀松，常于背面刮一层糊料，使其挺括，专作装裱囊匣之用。

牡丹童子荔枝纹锦

匣锦多用于书画的立轴、屏条的装裱。如仿古屏风、名人书画、高档场合以匣锦的点缀来突出古典的氛围等。

缂丝，又名克丝、

■缂丝牡丹图

尅丝和刻丝，我国唐代已有这种品种，但缂丝这一名称，却是宋代才开始有的。

缂丝是用许多特制的小梭子，穿引各色丝线，根据画稿花纹色彩的轮廓边界，一小块一小块盘织出来的。日本人把它叫作“缀锦”。运用这种织法，能织出精细的花纹来。但是很费功夫，大件的作品，往往要几年才能织成。辽代时期，北方地区就用来制作女衣和被面。

北宋时期，定州成为缂丝的主要产地，产品多供画院装裱名人书画。后世保存的北宋缂丝织物实物有紫天鹿、紫汤荷花等。

紫天鹿以紫色为地，在遍地密花中，间饰天鹿、月兔、异兽、翔鸾纹。其缂丝技术并不复杂，主要为平缂和环缂，但在表现手法上有独到之处。

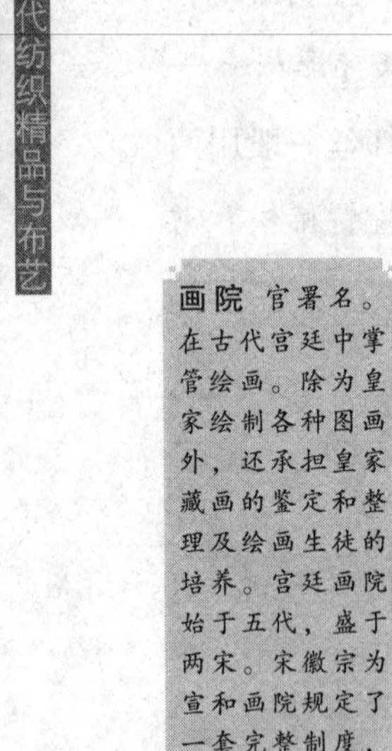

画院 官署名。在古代宫廷中掌管绘画。除为皇家绘制各种图画外，还承担皇家藏画的鉴定和整理及绘画生徒的培养。宫廷画院始于五代，盛于两宋。宋徽宗为宣和画院规定了一套完整制度，使之成为后代画院的典范，对两宋绘画的繁荣起了很大作用。

对花叶层次的处理不但借助于渲晕及色彩的配置，而且采用不同的纬线密度来表现，即心部纬线细密，向外逐渐粗疏。彩纬有紫、墨绿、棕黄、橘黄、米黄、淡茶、湖蓝、缥、米色等。织物遍地密花的布局以及花枝纹样的造型、用色都极富时代特征。

紫汤荷花以紫色熟丝为地，藏青、浅蓝、月白、浅黄、土黄、淡黄、翠绿、深绿、浅草绿等色纬线缂织出花卉鸾鹊。在织制时全部结织，不用钩线，套色平梭，经面单丝综，结织最细部分用2根经线，粗则5根，当一组图案织成后，改换纬梭的色线，进行下一循环的织制，这种织法与织锦的方法十分相似。

其图案纹样则于规矩中见灵活：花鸟双双对称，奇数组成品字形，每一横排有鸟鹊3只至4只，花枝呈蔓状或4茎至7茎不等。

每组图案由5横排花鸟组成：第一排中为鸿雁一对，两排鸾鹊分列；第二排鹦鹉居中，鸂鶒对立；第三排孔雀相对，左、右黄鹄相伴；第四排鸾鹊再度出现，鸳鸯居于两侧；第五排鸠鸟位于两侧，锦鸡居于中部。其鸟均呈展翅飞翔状，各具姿态，嘴衔瑞芝，犹存唐五代鸟衔花枝、绶带之遗风；花卉则以重楼子的牡丹、西番莲为主，配以荷花、海棠等花卉。

装裱 是装饰书画、碑帖等的一门特殊技艺。古代装裱的专称叫作"裱背"，亦称"装潢"，又称"装池"。据明代方以智《通雅·器用》载，"潢"犹池也，外加缘则内为池；装成卷册谓之"装潢"。

南宋时，缂丝的产地扩大，江南的镇江、松江、苏州等地都产缂丝。著名的艺人如朱克柔、沈子蕃、吴煦等，专门仿织赵昌、黄荃、崔白等名画家的书画，仿品和原作一样。故宫博物院里至今还保存着他们的一部分作品，《紫鸾鹊谱》就是其中之一。

《紫鸾鹊谱》为南宋著名艺人朱克柔所制，在画面上盛开3朵山茶花，一朵居中，花瓣硕大，余者皆为枝叶所掩，仅露其侧面；另一花枝上结蓓蕾3朵，顶上一朵含苞待放；一只粉蝶从远处飞来，有轻盈得意之态，更加强了花

■缂丝《紫鸾鹊谱》

绎丝仙山楼阁图

气袭人的气氛。

《紫鸾鹊谱》在工艺上独具匠心，花萼改用披梭，其余多用平梭，叶不用钩线，枝干等以合花线织成，蝶翅用抢缂法晕色，蝶要辅以勾缂点缀，并在左下角以闩门梭缂制有“朱克柔印”朱章一枚。

这幅缂丝作品流传到清代，为书画鉴赏家卞永誉收藏，右方钤“令之清玩”朱文一印；清雍正、乾隆时期，为书画鉴赏家安岐所有，作为《唐五代两宋集册》的引首，收其于《墨缘汇观·名画》中，后流入宫中，被汇集于《宋缂丝绣线合璧册》中。

阅读链接

明清时期，我国丝织生产的中心已经转移到江南地区，织锦生产以苏州最有名。苏州是我国著名的丝绸古城，为锦绣之乡、绫罗之地。苏州宋锦，色泽华丽，图案精致，质地坚柔，织工精细，更因花色具有宋代典雅的遗风而得“宋锦”之名。

清康熙年间，有人从江苏泰兴季氏家购得宋代《淳化阁帖》10帙，揭取其上原裱宋代织锦22种，转售苏州机户摹取花样，并改进其工艺进行生产，苏州宋锦之名由是益盛。

元代特色金锦纳石矢

纳石矢是织金锦中的一种，是元代的重要丝织品种。纳石矢为蒙古语音译，同“纳赤思”。因其纹样近波斯风格，故有译纳石矢为“波斯金锦”者。

元代由绫锦织染提举司、织染人匠提举司设专局织造纳石矢，由

元代对格力芬团窠纹锦

■龟背地格力芬团窠锦被

太府监所属的内藏库掌管，出纳御用诸王的段匹、纳石矢纱罗等，做成质孙服，供天子百官大宴时穿用。

我国历史上许多游牧民族的贵族，很喜欢用织金锦制作的服装，蒙古民族也不例外。质孙服是元代达官贵人地位和身份的象征，皇帝赐质孙服，多以显示对臣僚的宠爱，受赐者往往以此为荣。

元代大汗或君主的官服以及帐幕等，也多用织金锦缝制。为了满足上层贵族对织金锦的大量需要，当时在弘州及今河北阳原和大都，即今北京等地，都设有专局制造，用镂金法织成的织金锦，就是纳石矢。

我国从战国时期就开始丝织物加金工艺，唐宋期间趋于成熟。《唐六典》载有销金、拍金、镀金、织金、研金等14种加金法，但衣料主要用泥金银印绘，宋代衣服上用金普遍，元代织金，织银达鼎盛，袍衫所用锦、纱、罗、绫上无不加金。

元代的织金锦包括两大类：一类是用片金法织成

《唐六典》全称《大唐六典》，是唐朝一部行政性质的法典，是我国现有的最早的一部行政法典。唐玄宗时官修，旧题唐玄宗撰、李林甫等注，实为张说、张九龄等人编。所载官制源流自唐初至开元止。六典之名出自《周礼》，原指治典、教典、礼典、政典、刑典、事典，后世设“六部”即源于此。

的，也就是在织造时，把一些切成长条的金箔夹织在丝线中。用这种方法织成的锦，金光夺目。另一类是用圆金法织成的，也就是用金箔捻成的金线同丝线交织而成。这种锦牢固耐用，但金色光泽较暗淡。

1970年，考古工作者在新疆乌鲁木齐南郊盐湖南岸1号元代古墓出土的丝织品中有两件，一件是拈金锦残片，另一件是片金锦。

拈金锦残片纹样为一菩萨像，修眉大眼，隆鼻小口。头戴宝冠，自肩至冠后有背光。经线有单经、双经，纬线分地纬、纹纬。单经与纹纬交织成斜纹，双经与地纬成平纹交织。经密为每厘米65根，纬密为每厘米40根。圆金线是用金箔绕于丝线外围制成的。

片金锦纹样为满地花类型，以开光为主体，穿枝莲补充其间。线条流畅，绚丽辉煌。经线分单经、双经。单经直径为0.15毫米，双经直径为0.4毫米。纬线分为纹纬和地纬。片金是用金箔粘于皮子上制成，宽仅0.5毫米左右。彩纬是丝质，直径为0.6毫米至0.75毫米。地纬是棉纱。单经与纹纬、双经与地纬成平纹交织。显花处双经被夹在纹纬与地纬中间，成为暗经。

■元代 菱格地团花织金锦

此种方法与后代利用接结经来固结纹纬的宋式锦织法是一致的，从而对明清时期的丝织提花技术产生了重大的影响。

元代的织金工，除汉族工匠外，还有来自西域（如回鹘族）的擅长织金的工匠。蒙古帝国时期的著名将领镇海

镇海（1169年—1252年），原名沙吾提，一作称海，又作田镇海，时人称田相公。镇海在蒙古建国之前就投靠了蒙古部首领铁木真。铁木真与追随他的伙伴们盟誓："使我克定大业，当与诸人同甘苦，苟渝此言，有如河水。"镇海亦与此盟，是"同饮浑河水"的开国功臣之一。

曾将新疆的300多户织金绮工人迁移到弘州，建立织局，织造纳石矢。据《元史》中的《镇海传》记载：

> 得西域织金绮纹工三百余户，及汴京织毛褐工三百户，皆分隶弘州，命镇海世掌焉。

另外，还有专门掌管织造皇帝御用纳石矢领、袖的别失八里局以及弘州纳石矢局、寻麻林纳石矢局等管理机构，可见当时的纳石矢的生产规模之大。

除了汉族和回鹘族的工匠外，元代纳石矢织造还有回族工匠，官作中回族工匠生产的纳石矢数量最多。受回回民族风格的影响，纳石矢图案多为对称式，有浓郁的伊斯兰风格，常以阿拉伯文织出工匠的名字。

■元织金锦辫线袍

纳石矢是用扁金线或圆金线织造纹饰的一种丝织物。在丝织物上大面积用金线织造花纹，在元代极为盛行，这主要是由于蒙古族的习俗爱好及上层贵族为了显示其豪华和富贵。

纳石矢用作衣料，也用于装饰领、袖。在《历代帝后像》中，有一幅元世祖忽必烈的皇后彻伯尔的图像，头戴缀珠插花姑姑冠，身着纳石矢饰领的曳地长袍，这是典型的元代贵族妇女礼服。

元代八达晕织金锦

传世的纳石矢并不多见。故宫博物院藏有两件：一是红底团龙凤龟子纹纳石矢。为佛衣披肩的面料，在红底上，用扁金线满织龟子纹，在菊瓣形开光内，织团龙、团凤，上下交错横向排列。二是绿底缠枝宝相花纳石矢。纹饰以变体宝相花及藤蔓组成缠枝形图案，线条流畅。

这两件纳石矢织造紧密，提花规整，反映了元代较高的加金丝织物织造水平，并为明、清两代的织金锦、织金缎、织金绸、织金纱、织金罗等多种加金织物奠定了技术基础。

阅读链接

质孙服早在蒙古帝国时期就是非常重要的宫廷礼仪服饰，它对后来元代织金锦工艺影响至深。窝阔台继承汗位时，全体穿上一色衣服，一连40天，他们每天都换上不同颜色的新装，边痛饮，边商讨国事。

在元代，参加集会的贵族们会穿起自己的质孙服，虽然不是统一的形式和色彩，也不一定都是帝王的颁赐，但是上乘的服饰肯定是这种欢宴上的主要内容之一。当物质条件进一步丰富时，服饰便成为彰显其地位、等级的重要手段。

明清时期的南京云锦

南京云锦是传统的提花丝织工艺品，已有1600多年的历史。南京云锦配色多达18种，运用“色晕”层层推出主花，富丽典雅，质地坚实，花纹浑厚优美，色彩浓艳，金碧辉煌，宛如天上的彩云一样瑰丽，故称“云锦”。

仙鹤图纹云锦

南京云锦具有丰富的文化和科技内涵，被专家誉为“东方瑰宝”、“中华一绝”，是我国和世界最珍贵的历史文化遗产之一。南京云锦与成都的蜀锦、苏州的宋锦、广西的壮锦并称“中国四大名锦”。与苏州缂丝并誉为“两大名锦”。

■牡丹图纹云锦

南京云锦自宋代由彩锦演变而来，到了元代，蒙古族习尚用真金装饰官服，加之国力扩张，黄金开采量增大，使以织金夹银为主要特征的云锦脱颖而出，后来居上，成为最珍贵、工艺水平最高的丝织品种。

南京云锦从元代开始至明代和清代，一直是皇家御用品贡品。有时还作为朝廷礼品，馈赠外国君主和使臣以及赏赐大臣和有功之人。

明清时期，南京织锦工艺日臻成熟，并形成丝织提花锦缎的地方特色。鼎盛时拥有3万多台织机，近30万人从事织锦，是当时南京最大的手工产业。

清代在南京设有“江宁织造署”，《红楼梦》作者曹雪芹的祖父曹寅，就曾任江宁织造20年之久。清代云锦品种繁多，图案庄重，色彩绚丽，代表了历史上南京云锦织造工艺的最高成就。

江宁织造 明、清两代都在南京设局织造宫廷所需丝织品。明代是由提督织造太监主管。清顺治时曾由户部差人管理，旋仍归宜官之“十三衙门”，每年都会派人。清康熙时便改由内务府派员久任。衔名初称驻劄江南织造郎中，后改为江宁织造郎中或员外郎。

户部 中国古代官署名，是掌管户籍财经的机关，也是六部之一，长官为户部尚书，曾称之为地官、大司徒、计相、大司农等。其职由地官司徒演变而来，汉朝置尚书郎，到隋朝改为民部，唐改称户部尚书，宋、元、明、清沿而未改。户部尚书是掌管全国土地、赋税、户籍、军需、俸禄、粮饷、财政收支的大臣，明代为正二品，清代为从一品。

云锦在悠久的发展过程中，形成了许许多多的品种。从掌握的资料看，大致可以分为库缎、织金、库锦、妆花4类。每一类下面，又有若干品种，如库缎有起本色花库缎、地花两色库缎、妆金库缎、金银点库缎和妆彩库缎等。

库缎、织金、库锦之名源于缎匹库。缎匹库是清代户部藏绸缎、绢布等物的库。织金织料上的花纹全部用金线织出，也有花纹全部用银线织的，故名织金；因其也藏于缎匹库，故名“库银”。库金、库银属同一个品种，分类上统名之为“织金”。

明、清两代江宁官办织造局生产的织金，金、银线都是用真金真银制成，在每匹织料的尾部，均织有“×××××织造真金库金”字牌，说明所用的金、银线材料货真价实。虽经过数百年的时间，仍是金光灿烂，光彩夺目。

■老虎图纹云锦

云锦制造的主要特点是“挑花结本”。它用古老的绳索绳记事的方法，把花纹图案色彩转变成程序语言，再上机进行织造。实际上是一种以线为材料进行储存纹样程序的创作设计过程。

此工艺技术要求很高，不仅要把纹样按织

■精美的麒麟纹云锦

物的具体规格要求，计算“分寸秒忽”，将纹样在每一根线上的细腻变化表现出来，还要按纹样图案的规律，把繁杂的色彩进行最大限度的同类合并，编结成一本能上机织造，让织手读懂的程序语言花本。

机上坐着的人，称作“拽花工”，只要按照过线顺序提拽即可。机下坐着的人，称“织手”，他使用“通经断纬”的技术，挖花盘织，妆金敷彩。这种工艺，一直不能被机器所替代，被誉为中华传统文化遗产中的“活化石”。

云锦的织造工艺高超精细，除前面介绍的挑花结本、通经继纬以外，夹金织银也是云锦一大特点。织物雍容华贵，金碧辉煌，满足了皇家御用品的需要。

织造南京云锦的老式提花木机，每台织机需要提花工和织造工两人配合，前者在上，后者在下，上下协同生产。两人劳作一天，仅能织造云锦五厘米长。

花本 将纸面上设计的纹样过渡到织物上，再现设计纹稿的“模本”。根据编订的尺寸规格和经纬刻度比例，运用传统的“挑花结本”的工艺技法，把它编结为“花本”。然后运用花本上机，与机上牵线、经丝的作用关系提经织纬来完成。

南京云锦

织选云锦多用金线、银线及长丝、绢丝，各种鸟兽羽毛等，如在皇家云锦绣品上的绿色是用孔雀羽毛织就的，每个云锦的纹样都有其特定的含义。如果要织一幅78厘米宽的锦缎，在它的织面上就有1.4万根丝线，所有花朵图案的组成就要在这些线上穿梭，从确立丝线的经纬线到最后织造，整个过程复杂而艰苦。

南京云锦是至善至臻的民族传统工艺美术珍品之一，它用料考究，织工精细，图案色彩典雅富丽，宛如天上彩云般瑰丽，传承了我国皇家的织造传统，代表着我国织锦技艺的最高水平。

阅读链接

相传，古南京城内西边有一间孤零零的小草房，里面住着一位替财主干活儿的老艺人张永。每天公鸡叫头遍张永就开始上机织锦，一直要忙到半夜三更。

有一次，财主要过生日，逼着张永赶织“松龄鹤寿”挂屏。张永只好拖着骨瘦如柴的身子织云锦。这时，有两个姑娘走进来，把张永扶在一边，然后分坐织机旁熟练地织起云锦来。霎时间，织机连响，花纹就展现在锦上。后来，人们把帮助张永织锦的两个姑娘称为“云锦娘娘”，她们织出的锦称为“云锦”。

民族风格鲜明的壮锦

壮锦又称僮锦、绒花被，是由棉、麻线平纹交织而成，用于制作衣裙、巾被、背包、台布等。是我国壮族传统手工织锦，被誉为“中国四大名锦”之一。

壮族妇女织锦

据传壮锦起源于宋代。传统沿用的纹样主要有二龙戏珠、回纹、水纹、云纹、花卉、动物等20多种，富有民族风格。

壮锦作为工艺美术织品，是壮族人民最精彩的文化创造之一，其历史也非常悠久。据说，早在汉代，聪明的壮族人民，充分利用植物的纤维，织制出葛

■ 正在调色的妇女（蜡像）

布，作为衣料。

据清初学者屈大均所撰《广东新语》转引当时记载说，这种布料，“细者宜暑，柔熟者御寒”。此外，考古工作者在广西罗泊湾汉墓的7号残葬坑内出土了数块橘红色回纹锦残片，也证实汉代在广西已有织锦技艺。

在唐代，据《唐六曲》和《元和郡县志》记载，壮族人民所织出的蕉布、竹子布、吉贝布、班布麻布、白苎布等9种布料，已被朝廷列为贡品。

宋代的手工纺织业更为发达。北宋元丰年间，北宋政治家吕大防为了“绸绢纳布丝锦以供军需”，在四川设了蜀锦院，有大量的蜀锦从川外运来广西，再由广西输出口外国。

广西壮族人民很快接受蜀锦的工艺，著名的壮锦也就应运而生，并成为上贡的锦帛之一。

壮锦不仅成了壮族人民日常生活中的用品和装饰品，编织壮锦更是壮族妇女必不可少的“女红”，壮锦是嫁妆中的不可或缺之物。

据南宋诗人范成大的《桂海虞衡志》记载，壮锦当时出产于广西左右江，称为“緂布”。当时左右两江州峒出产的“淡布”，“如中国线罗，上有遍地小方

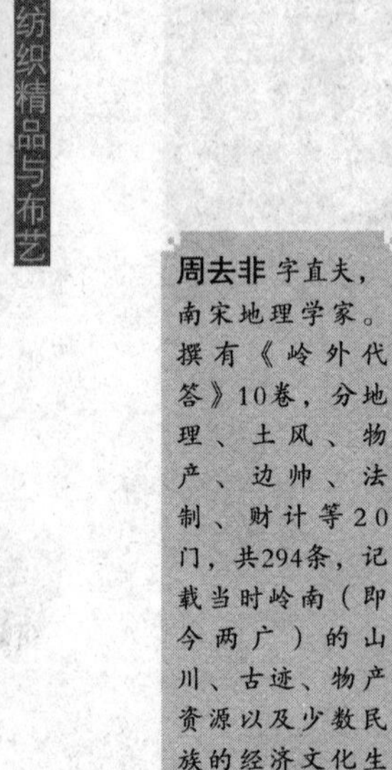
周去非 字直夫，南宋地理学家。撰有《岭外代答》10卷，分地理、土风、物产、边帅、法制、财计等20门，共294条，记载当时岭南（即今两广）的山川、古迹、物产资源以及少数民族的经济文化生活等。是研究当地历史地理情况的重要文献。

胜纹”。南宋地理学家周去非在《岭外代答》中说：

白质方纹，广幅大缕，似中都之线罗，而佳丽厚重，诚南方之上服也。

周去非说的“白质方纹”就是指当时生产的壮锦，其装饰花纹为方格几何纹，其色调为单色，这是早期的壮锦，具备了“厚重”和织有方格纹图案的基本特征。

历经千余年的发展，壮锦有自成体系的三大种类、20多个品种和50多种图案，以结实耐用、技艺精巧、图案别致、花纹精美著称。

传统的壮锦以棉、麻线作为地经、地纬平纹交织，用于制作被面、褥面、挂包、围裙等。壮锦图案生动，结构严谨，色彩斑斓，常见的花纹有大万字、小万字以及较复杂的双凤朝阳、狮子滚球等。

壮锦所用的原料主要是蚕丝和棉纱，靠手工生产。丝绒的纺织从种桑养蚕到拣、夹、纺、漂、染，均由织锦者自己完成。棉纱从种棉到纺纱，经过去籽、弹花、纺、染、浆等工序。染料是利用当地植物和有色土来进行。红色用土朱、苏木，黄色用黄泥、姜黄，绿色用树皮、绿草。用土料搭配可染出多种颜色。

卷云纹壮锦

壮锦是在装有支撑系统、传动装置、分综装置和提花装置的手工织机上，以棉纱为经，以彩色丝绒为纬，采用“通经断纬”的方法巧妙交织而成的艺术品。

壮锦的织机是百年前

几何纹壮锦

就已经定型，再经过不断改变的小木机。结构简单，机织轻便，易于操作，使用方便。全机由机身、装纱、提纱、提花和打花5部分组成。机身包括机床、机架、坐板。装纱包括卷经纱机头、纱笼、绑腰。提纱包括纱踩脚、小综线。提花包括花踩脚、大综线、综线梁、重锤。打花包括筘、筒、绒梭、纱梭。

织锦时，艺人按照设计好的图案，用挑花尺将花纹挑出，再用一条条编花竹和大综线编排在花笼上。织造时，就按照花笼上的编花竹一条条地逐次转移，通过纵线牵引，便把花纹体现在锦面上。

壮锦是广西民族文化瑰宝。壮锦图案生动，结构严谨，色彩斑斓，充满热烈、开朗的民族格调，体现了壮族人民对美好生活的追求与向往。历经1000多年的发展，以壮锦艺术为典型代表的广西民族织锦艺术，已成为我国传统民间艺术的重要组成部分。

阅读链接

传说古时候，住在大山脚下的一位壮族老妈妈，与三个儿子相依为命。老妈妈是一位手艺精湛的织工，她织出了一幅壮锦，上面有田地和鱼塘等景象。

一天，一阵大风，把壮锦卷向东方的天边，原来是那里的一群仙女拿壮锦做样子去了。老妈妈的三儿子找到了仙女，将壮锦带回家时，壮锦却突然变成了美丽的家园。而那个仙女太喜欢壮锦了，就在上面偷偷地绣下了自己的像，被老三带回家中。于是老三就跟她结为夫妻，过上了幸福生活。

缎映华光

缎，由斜纹组织发展而来，是采用缎纹组织或缎纹变化组织，外观平滑、细密的丝织物。缎在我国有比较久远的发展历史，它起源于唐代，兴盛于宋元之际，到明清时，缎织物成为平民消费丝织品的重要产品。

缎织物表面光滑、平整、有光泽，花纹具有较强的立体感，最适宜织造复杂的纹样，起源于唐，以后成为和罗锦、纱、绫等并列的一种丝织物。宋代以后逐渐普及，品种逐渐增至几十种，较有名的有软缎、绉缎、九霞缎、桑波缎、古香缎、织锦缎等。

古代缎类纺织的发展

缎是一种比较厚的正面平滑、有光泽的丝织品。常用蚕丝及其他纤维用缎纹织成，经纬组织紧密，表面平滑、有光泽。

缎属于比较好的蚕丝织品，真正的缎料都是桑蚕丝的。它的纺织特点是经纬丝中只有一种显现于织物表面，并形成外观光亮、平滑的丝织品。

缎类织物是丝绸产品中技术最为复杂、织物外观最为绚丽多彩、工艺水平最高级的大类品种。其组织全部或大部分采用缎纹组织，经

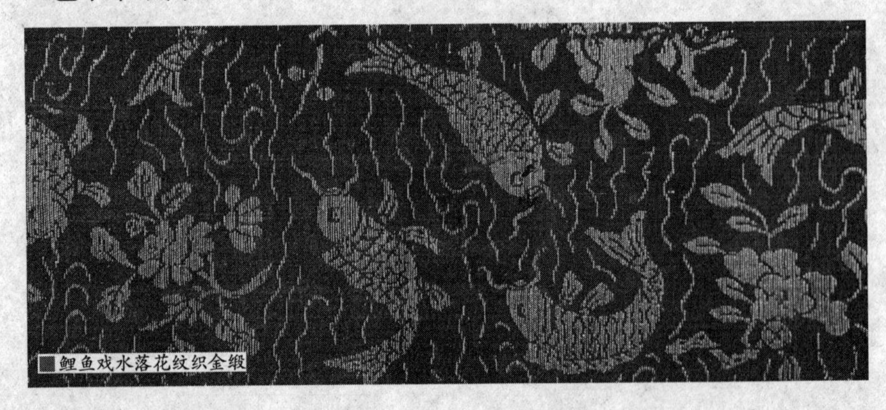

鲤鱼戏水落花纹织金缎

丝略加捻，纬丝除绉缎外，一般不加捻。

古代文献中已出现缎，当时写作“段”，但是很多人认为当时仅是作为丝织物的泛称。比如元代法令文书的分类汇编《元典章》中工部有“段匹”条。又如明代科学家宋应星的《天工开物·乃服》中对缎的记载：

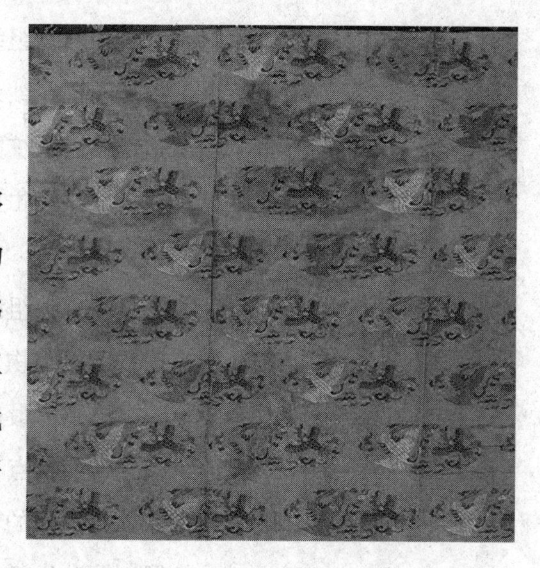

■ 黄色凤鹤樗蒲纹缎帘

凡倭段……经面织过数寸，即刮成黑色。

《元典章》和《天工开物·乃服》中的“段”，其实就是我们常说的缎，它是一种较为厚实的、具有缎纹组织的面料，正面光滑，色泽温润，风格高雅。

缎织物最初也叫纻丝，后来才改称为缎，北京明代定陵出土的纻丝，就是做工、质地均极讲究的五枚缎丝织物。

从我国纺织发展历史上看，缎在我国有比较悠久的历史。缎织物起于唐代，兴盛于宋元时期，明清时期成为丝织品中的主流产品。

根据出土文物来看，缎织物最早出现在唐代。缎在唐代是丝织物的一大类，与罗、锦、绫、纱、縠并列，并有锦缎、绣缎、乌丝栏素缎等品种。

唐代还在缎的织造基础上发展演变出独具特色的

缎纹组织 纺织术语。指经线或纬线浮线较长，交织点较少，它们虽形成斜线，但不是连续的，相互间隔距离有规律而均匀。缎纹织物质地柔软，绸面光滑，光泽也好，最为富贵华丽，故在织物中应用很广。如织锦缎、花软缎等，其花组织中的地组织采用的都是缎纹组织。

斜纹组织 纺织术语。在织造行业较为常用，如织布、商标、织带等。经线和纬线的交织点在织物表面呈现一定角度的斜纹线的结构形式。斜纹组织的经纬交织比平纹少，故不及平纹织物坚牢，但斜纹织物的手感柔软且光滑。

缎纹组织。它是在斜纹组织的基础上发展起来的，其组织特点是相邻两根经纱或纬纱上的单独组织点均匀分布，且不相连续。缎纹区别于平纹和斜纹在于上线跳线更长，并且斜纹夹角更小，光泽更强，更光滑，更美观。

因为缎纹组织单独组织点常被相邻经纱或纬纱的浮长线所遮盖，所以织物表面平滑匀整，富有光泽，花纹有较强的立体感，最适宜织造复杂颜色的纹样。

缎纹组织的这些特点与多彩的织锦技术相结合，造就了丝织品中最华丽的“锦缎”。唐代右司郎中张元晏对一件缎制服装进行了生动的描述，很能反映缎织物的特点和它的可贵之处：

> 雀鸟纹价重，龟甲画样新，纤华不让于齐纨，轻楚能均于鲁缟，掩新蒲之秀色，夺寒兔之秋毫。

■串枝莲花缎

宋元时期，缎织物达到鼎盛期。首先是两宋辽金时期，缎的品种增加很快，如条纹缎、透背缎、拈金番缎、销金彩缎、细色北缎等。这一时期的缎制品非常华丽，柔软而有光泽，如果再同多彩的织锦技术相结合，就是丝织品中最华丽的“锦缎”。

到了元代，缎匹的种类颇多，有纳石矢、青赤间丝、浑金搭子、通袖膝袖、六花四花、缠顶金缎子、绒锦、草锦等。出土的元代实物中有正反五枚暗花缎。

明清织金妆花缎

宋元以后，缎类织物日趋普及，不仅有五枚缎和各种变则缎纹，八枚缎也开始被大量应用。

到明清时期，缎十分流行，其中包括我国著名传统品种妆花缎、闪缎、宋锦缎、摹本缎。明代以前多五枚缎和六枚缎。清代开始有八枚缎，而且应用较多，缎织物逐渐成为丝织品中的主流产品。

缎织物在历史发展过程中扮演了重要角色，推动了我国古代丝织业的发展，丰富了我国古代丝织产品的种类，进一步改进了服装面料的质地和工艺。同时，缎织物在历史上也曾随着其他物品输出国外，在世界上具有相当的影响。

阅读链接

锦缎是提花熟织物。“锦”字的含意是“金帛”，意为“像金银一样华丽高贵的织物”，事实上古代和现代确有用金银箔丝装饰织造的锦缎，只是现代的金银丝并非真正的黄金和白银制成，而分别是铜粉和铝粉制作的闪光丝而已。

我国早在春秋以前就已经生产锦缎类织物，《诗经》云“锦衣狐裘”，“锦衾烂兮”。《左传》云：“重锦，锦之熟细者。”近代的织锦缎、古香缎等品种，是在云锦的基础上发展起来的色织提花熟织绸。

传统缎织物品种及特点

串枝莲花缎

缎的品种很多，可分为经缎和纬缎；根据组织循环数，还可分为五枚缎、七枚缎和八枚缎等；根据提花与否，又可分为素缎和花缎。

素缎常用八枚经缎或五枚经缎，如素库缎。花缎主要有单层、纬二重和纬多重3种。单层花缎常采用正反八枚缎或略加变化起暗花，如花累缎和花广绫；纬二重花缎可起两三种彩色，但色调雅致和谐，如花软缎和克利缎；纬多重花缎色彩绚丽、纹样复杂，也可称作锦，如采用纬三重组织的织锦缎和纬四重组织的五彩台毯。重纬花缎多八枚经缎为地组织，花部则可采用十六枚和二十四枚纬缎组织。

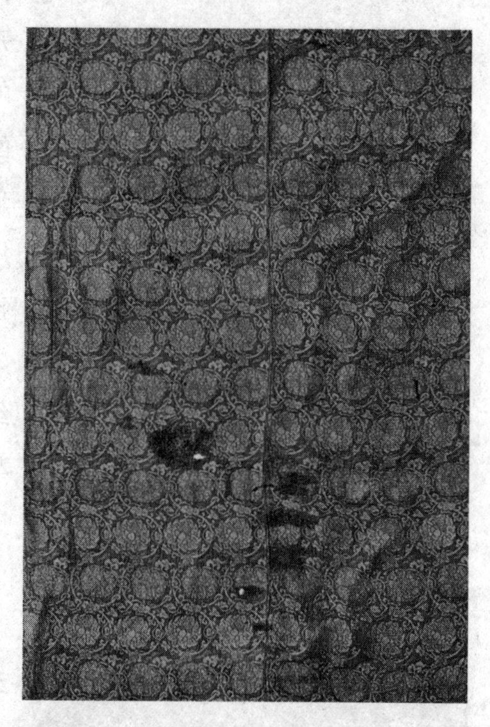

■ 明代天华缠枝莲花缎被

据文献记载和考古发现，我国传统缎类织物品种有软缎、绉缎、九霞缎、桑波缎、古香缎等，可谓品种繁多，且各具特色。

软缎分素软缎、花软缎和粘纤丝软缎等品种。素软缎是真丝与粘纤丝交织的绸类产品。生织产品平经平纬，经纬线均不加捻，通常采用八枚经面缎纹组织织造而成。

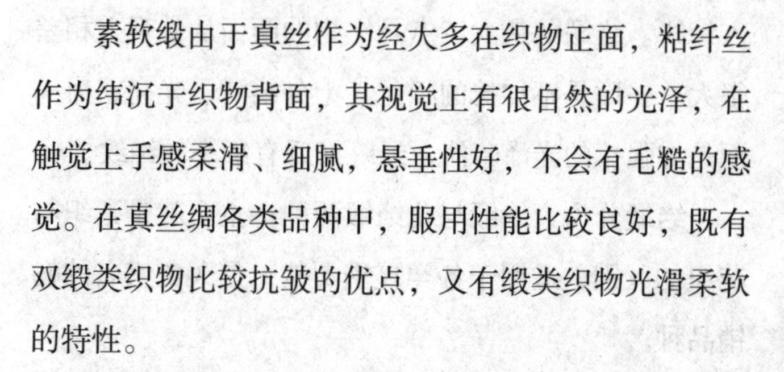

素软缎由于真丝作为经大多在织物正面，粘纤丝作为纬沉于织物背面，其视觉上有很自然的光泽，在触觉上手感柔滑、细腻，悬垂性好，不会有毛糙的感觉。在真丝绸各类品种中，服用性能比较良好，既有双绉类织物比较抗皱的优点，又有缎类织物光滑柔软的特性。

花软缎是真丝与粘纤丝的交织物。与素软缎相比，主要是花织与素织的区别。花软缎由纬丝即粘纤丝提花、经缎作为地组织的提花丝织物。如生织绸，经练染后织物显示出色泽绚丽的花纹，异常美观。

花软缎纹样多取材于牡丹、月季、菊花等自然花

生织 用本色生丝，织好花纹，然后染色显花。它是本色起花。一般常用蚕丝来当经，人造丝来当纬，因两者的吸色力不同，染色后产生深浅两种不同色彩。如传统品种中的“留香绉”和“金玉缎”等。生织一般对提花织造而言，平素织物通常都用生丝织造，而很少这样称谓。

清代明黄地缠枝大洋花纹妆花缎

卉，经密小的品种适宜用较粗壮的大型花纹，经密大的品种则可配以小型散点花纹。纹样风格表现为地清花明，生动活泼。一般用作旗袍、晚礼服、晨衣、棉袄、儿童斗篷和披风的面料。

粘纤丝软缎是经纬均采用粘纤丝的平经平纬生织绸。其结构与上述两类基本相似，但外观手感方面要逊色很多。

绉缎属于真丝生织绸类产品。它采用缎纹组织，平经绉纬，经丝为两根生丝的并合线。采用三根生丝的强捻丝，并且在投纬时以二左二右的捻向排列织入纬线。绉缎的最大特点是织物的两面从外观上相差很大。一面是不加捻的经丝，十分柔滑、光亮；另一面是加强捻的光泽暗淡，经练染后有细小的绉纹。

绉缎分为素绉缎与花绉缎两种，主要就是素织与花织的区别，适用于各类夏季女装，是久负盛名的畅销品种。

九霞缎与留香绉一样也是具有民族特色的传统产品。它属全真丝提花生织绸，平经绉纬。地组织采用纬面缎纹或纬面斜纹，经练染后的织物有绉纹，光泽较暗；而花部采用经面缎纹，由于经丝不加捻，因此花纹特别明亮。

旗袍 源于满族女性传统服装。古代旗袍的工艺特点是精细的手工制作，适用各种刺绣、镶、嵌、滚等工艺。旗袍是世界上影响最大、流传最广的我国传统服装，是最为当今世人所认可和推崇的我国服饰之代表，是我国灿烂辉煌的传统服饰的代表作之一。20世纪 30年代和40年代是旗袍的黄金时期。

九霞缎绸身柔软，花纹鲜明，色泽灿烂，主要作为少数民族服饰用绸。

留香绉 是用桑蚕丝和有光人造丝制织的平纹绉地经起花的生织丝绸，又称重经绉。在光泽柔和并起绉的地组织上，以有光人造丝为纹经，以经面缎纹形成主花；以桑蚕丝为地经，以经面缎纹形成辅花。质地柔软，花形饱满而富有光泽，花纹雅致。

桑波缎属丝绸面料中的常规面料，缎面纹理清晰、古色古香，非常高贵。桑波缎通常用于家纺面料，如床上用品等，还可以作为高档时装面料。

桑波缎属于真丝提花面料中的一种，是指将经纱线或纬纱线按照规律要求沉浮在真丝面料表面或交织得错落变化，形成花纹或图案的编织方法，提花的图案在真丝面料上面更能体现出美感。

桑波缎花型品种多，制造工艺复杂。经纱和纬纱相互交织成不同的图案，高支高密，加捻，凹凸有致，质地柔软、细腻、爽滑的独特质感，光泽度好。大提花面料的图案幅度大且精美，层次分明，立体感强，设计新颖，风格独特，手感柔软，大方时尚，尽显典雅高贵的气质。

古香缎也是我国传统的丝织物，与织锦缎齐名。花纹图案以亭、台、楼、阁、虫、花、鸟及人物故事为主，色彩风格淳朴。

古香缎组织结构采用纬三重组织，甲纬与经丝按八枚缎纹交织，乙纬及丙纬与经丝均按十六枚或二十四枚缎纹组织交织，丙纬视花纹需要可以调色，故其组织结构略异于

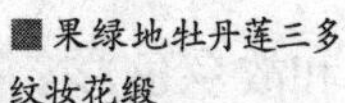

■果绿地牡丹莲三多纹妆花缎

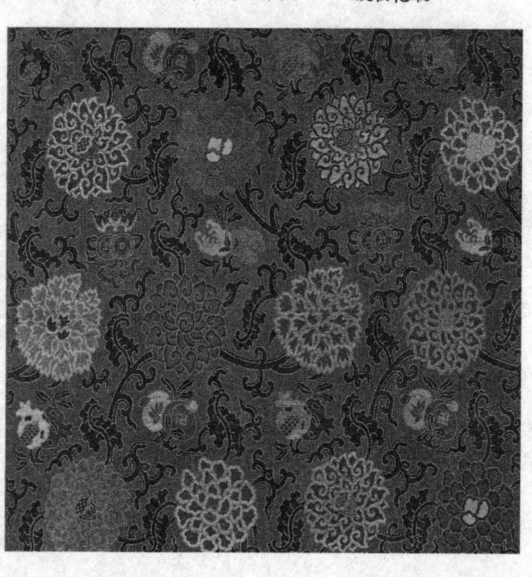

清代童子攀枝妆花缎锦

织锦缎，织物的手感比织锦缎单薄，采用熟织工艺，工序复杂。成品主要用作装饰材料。

古香缎为杭州特产，是由真丝经与有光人丝纬交织的熟织提花织物，是由织锦缎派生的品种之一。题材为亭、台、楼、阁等，因色彩淳朴、古色古香而得名。

古香缎是我国丝绸中具有代表性的品种。它是一组经与三组纬交织的纬三重纹织物，甲、乙二纬与经织成八枚经面缎地。由于富有弹性，挺而不硬，软而不疲，是妇女内衣用缎和装饰用绸的理想织物。

这些缎类织物的整体特点是平滑光亮、质地柔软，具有民族风格和故乡色彩。我国丰富多彩的传统缎类品种，体现了我国古代劳动人民的勤劳和聪明才智。

阅读链接

缎是一种质地厚密而有光泽的丝织品，在古代常常被当作礼物赠送，是人们联络感情的媒介物之一。在历代文学作品中，不乏以绸缎作为礼物送人的描写。

比如，清代吴敬梓所著长篇小说《儒林外史》第二十五回："王老爹极其欢喜鲍廷玺，拿出一个大红缎子钉金线的钞袋来，里头装着一锭银子，送与他。"现代著名小说家、人民艺术家赵树理的《金字》："一天，镇长交给我一卷缎子和一包泥金，要我替他写字。"

清代织锦缎工艺的发展

织锦缎是我国最著名的传统丝绸织物的统称，也是清代传统丝织物中的重要产品。清代织锦缎是在江南织锦的基础上发展起来的。

清代初年，农业得到恢复，手工业和商业继续发展，鼓励农业经济作物种植，全国出现普遍的繁荣。1699年，清圣祖玄烨南巡，沿途看到桑林披野时曾说：

天下丝缕之供皆在东南，而蚕桑之盛惟此一区。

这句话概括了当时江南蚕桑业在全国所占的重要地位。

蓝缎彩绣鞍垫

清初的苏州手工丝织

工笔 亦称为细笔，并且与写意对称，是我国的画技法名，属于工整细致一类密体的画法。用细致的笔法制作，工笔画着重线条美，一丝不苟，是工笔画的特色，如宋代的院体画、明代仇英的人物画、清代沈铨的花鸟走兽画等。工笔画的技法有描、分、染和罩。

提花技术大为提高，出产的重要提花品种，如妆花纱、妆花缎、妆花绢等，有用十多种颜色织制的，色彩繁富。

当时，苏州手工丝织提花织制方法，有时用十几把大梭子同时织，有时用一把大梭子织底纹，十几把小梭子各穿不同彩色的丝线和金银线织花。织花的小梭子，不是穿过整个幅面，而是根据花纹的边界，在花纹轮廓线内来回盘织。用这种方法织出的花纹，就像是从幅面上挖出来的一般，所以称“挖花”。

上等的锦缎，敷色自然，晕色和用线都可以和工笔的绘画媲美。北京故宫博物院保存的一件清康熙年间苏州织造的百花蝴蝶袍料，上面织着散点布置的折枝花，三三两两的彩蝶，穿插在鲜花嫩叶之间。它不仅是一件美丽的衣料，也是一件百看不厌的艺术品。

故宫博物院里还保存着清乾隆年间苏州织造的一件巨幅重锦织物《极乐世界图》，长451厘米，宽195厘米，上有佛像274尊，个个眉目清晰，面带表情，织工的精美程度超过了前代的水平。

■清代明黄缎地彩绣九龙垫面

在清道光年间，江南已经成为丝织业的中心。广东有2500个纺织厂，共拥有工人5万。南京一地织

锦缎机就有5万张，大的工场可以有织机五六百张。

在清代南方丝织业高度发展的前提下，织锦缎在江南织锦基础上发展而成，主要出产于江南一带，代表地有上海、杭州、苏州，多有传统织锦缎生产，但杭州生产的织锦缎最多，也更有名气。代表产品有宋锦、壮锦、云锦和蜀锦。

■龙纹织锦缎

织锦缎是以缎纹为底，以3种以上的彩色丝为纬，即一组经与三组纬交织的纬三重纹织物。八枚经面缎纹用提花机织造。

织锦缎的面料是单色经纹缎料，以至少有3种彩丝作为纬面缎纹起花，在制作时也使用斜纹辅助修饰。织锦缎是在经面缎上起三色以上纬花的中国传统丝织物。织锦缎表面光亮细腻，手感丰厚，色彩绚丽悦目。主要用作女用高级服装，也常用于制作领带、床罩、台毯、靠垫等装饰用品。

织锦缎按原料可分为真丝织锦缎、人丝织锦缎、交织织锦缎和金银织锦缎等9种。花纹精致，色彩绚丽，质地紧密厚实，表面平整光泽，是我国传统丝绸制品中具有代表性的品种。

按织锦材料可以分为真丝织锦缎、金银丝织锦缎

江南 字面意义为江之南面，在人文地理概念中特指长江中下游以南。狭义的江南指长江中下游平原南岸；广义的江南涵盖长江中下游流域以南，南岭、武夷山脉以北湘赣浙沪全境与鄂皖苏长江以南地区。

和人造丝织锦缎。真丝织锦缎，是纯以真丝交织而成的织锦缎，是传统的工艺做法。

金银丝织锦缎是用真丝或人造丝缎地，用金银丝线作为纬线起花。但通常不会仅用金银丝起花，多会辅以丝线。

人造丝织锦缎的地缎和起花都是人造丝，通常经线较细、纬线较粗，用来提高色泽对比度。人造丝织锦缎价格较低，而且使用锦纶或尼龙的人造丝仿真丝效果好，耐用性、染色性都好于真丝织锦缎。

织锦缎生产工艺繁复，经丝准备工艺就有数十道，要经络丝、拈丝、并丝、复拈定形、练染、络丝、整经等反复并拈和染色加工，将丝线加工成既屈曲饱满坚韧又富有弹性的股线。

例如，真丝织锦经丝的加工方法，就是将一根桑蚕丝每10厘米加80拈，再两根并合反向加60拈，经密每厘米130根。纬丝的准备也比一般产品复杂，纬密达每厘米102根。

传统织锦缎为显示底布缎面的高贵细腻，多用素地纹样，绣以梅兰竹菊等植物花卉以及凤凰、孔雀、虎等珍禽异兽等图案。

现代织锦缎的工艺为迎合国际潮流趋向，有的取消工笔图案，采取艳丽的满地大花纹样，制作奢华的布料，供女士外衣使用。

阅读链接

人造丝光泽明亮，手感稍粗硬，且有湿冷的感觉，用手攥紧后放开，皱纹较多，拉平后仍有纹痕，伸直易拉断、破碎。

人造丝在现代已普遍使用。现代著名文学家茅盾曾经写过一篇名为《人造丝》的散文，描写他的一位老朋友在看到人造丝时说：“我会分辨蚕丝跟人造丝了。哪怕是蚕丝夹人造丝的什么绸，什么绨，我看了一眼，至多是上手来捏一把，就知道那里头掺的人造丝有多少。”可见茅盾的这位老朋友对人造丝是非常了解的。

麻棉布艺

麻、丝、棉是我国古代衣着织物先后使用的3种原料。最初穿的衣服用料是大麻、苎麻和葛织物，部分地区也用毛、羽和木棉纤维等纺织织物。随着蚕桑业的发展，丝织业出现并有了初步发展。北宋时，棉花在南方普遍种植，棉织业兴起并延续至今。

由于纺织工业的发展，织物数量增加，也创造出了丰富多彩的纺织品种。比如丝织物，除了丝、绸、锦、缎外，还有传统织物绫、绢、纱、罗、绒。与此同时，布艺也成为我国民间工艺中的一朵瑰丽的奇葩。

古代绫绢纱罗绒丝织物

我国丝绸的品种丰富多彩，不同品种有不同的结构、不同的用途。最有代表性的除了锦、缎、绸外，还有绫、绢、罗、绒等。

绫作为织绛染绣中的一员，是汉代才有的新品种。汉代的绫一般以散花绫和几何纹绫为主饰，实际上是现代纺织学上所说的“变化斜纹组织”，多半呈现山形斜纹或正反斜纹。

唐代纺织品

到了三国时，陕西扶风籍纺织革新家马钧改革绫机，将60蹑的旧绫机，革新为20蹑。其奇之异变，犹如自然之成形，阴阳之无穷，在花绫的技巧上获得了新的发展。

唐代的织绫业，则达到

了高峰，设有专门的绫作织绫。至武则天初年，织染署中的绫作有织绫手365人。织出的花纹有盘龙、对凤、狮子、天马、孔雀、仙鹤、双胜等图案。

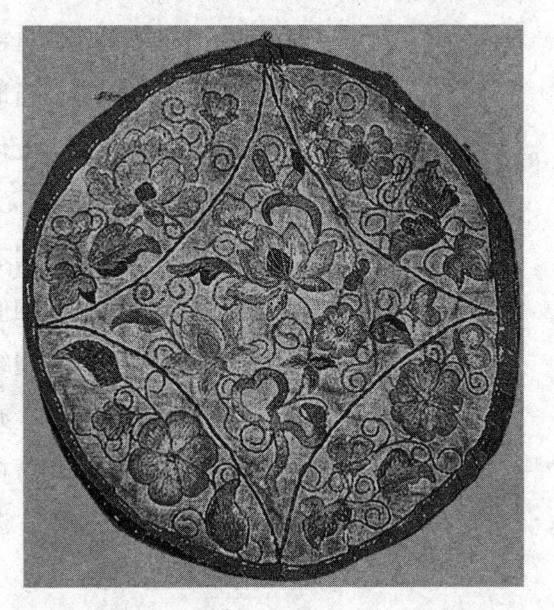

■ 白绫地彩绣花蝶镜衣

北宋沿袭唐制，规定绫为官服之用。宋绫盛极一时，据称有21个州生产绫织物，全国绫的上供为4.4万匹。

宋绫除了用于服饰外，还用作书画经卷的装潢封面。据《钧轩清闭路》记载，绫有碧鸾、白鸾、皂鸾、皂大花、碧花、姜牙、樗蒲、杂花盘雕、涛头水波纹、仙纹、重连、双雁、仿棋、白鹭等花纹图案。花纹繁多，织工精巧绝伦。

绢为古代丝织物类名，是用生桑蚕丝织成的平纹字画装裱织物。从历代绘画作品来看，宋以前大都为绢本，元以后随着干笔墨画兴起，纸张使用逐渐增多，但绢素的应用并未因此消失，许多名作依然是绘制在绢地上。

绢有生丝、熟丝之别。将蚕茧浸在热水里抽丝称为“缫丝”，缫丝完成后，织成的绢为生丝绢，这种绢经涂刷汁液、粉浆后，便可用作书画底子。

将丝加热熬煮称“练丝”，练丝完成后，织成的绢为熟丝绢。因其除去了丝中的非纤维质，柔软如

干笔 亦称渴笔、干皴、枯笔、焦笔，与“湿笔”对称，国画技法名。指笔含有较少的水分。干笔作画，兴于元代，行于明清，迄今不衰。清代秦祖永说：“作画最忌湿笔，锋芒全为墨华淹渍，便不能着力矣！去湿之法，莫如用干，取其易于着力，可以运用从心。”

经起绒 是由绒经和地经两个系统的经纱和一个系统的纬纱交织组合成经起绒组织。经起绒组织的织物如果双层织制,绒经便接结在上下两层织物之间,然后从两层中间将绒经割断,形成两幅独立的起绒织物。常见的天鹅绒、长毛绒等均用经起绒织制。

绵，可用作装裱的镶饰材料。

我国早期的绢素，质地均较细密，幅面较窄，唐以前基本都是单丝绢。五代时出现了双丝绢，质地亦较粗厚。宋代绢则精细无比，最有代表性的是称为“院绢”的宫廷画院所用之绢。

元代绢基本与宋代相似。明代绢质地较粗，有的甚至非常稀疏。用这种绢绘画时，往往是先托纸再落墨。清代绢有较精细者，亦有较粗糙者，尤其是晚清时期的绢较稀薄，人们常在绢面上涂刷各种色浆并以石子将丝砑扁。历史上，江苏、浙江、四川等地，一直是绢的主要产地。

我国古代的纱，从组织来说可以分两种：一种是同现在的冷布相似的平纹稀经密的织物，唐代以前叫方孔纱；另一种是和罗同属于纱罗组织的、把经线分为地经和绞经互绞但密度比较小的织物，有两经相绞的，有三经相绞的。南北朝时期以前，纱都是素织，从唐代起间有花织，使用提花设备提花。

■古代缀绢晕绊花毛织袋

我国古代的罗和现代的罗不同，多半用4根经线为一组织造的。两根绞经，两根地经，一比一排列，隔一梭起绞一次，两两互绞。

现代的罗大概是在明代开始出现的，都是先织三梭到七梭平纹，再起绞一次，纱孔是分段出现的。古代的罗比较疏朗，现在的罗比较结实，各有优点。

拉绒绯毛残片

绒是属于起毛组织的织物。古代的绒都是经起绒，把经线分作地经和绒经两部分，即地经专织地子和绒经起绒。每织三四梭地子才起一梭绒经，并且把预先备下的篾丝或金属丝插入梭口，使绒经呈现凸起的圆圈，然后用刀割开，就可以形成丝绒。

我国织造起绒织物的历史也非常久远。1972年湖南长沙马王堆出土的一批汉初的丝织物里就有没有开毛的起绒织物，这说明从汉代到明代，我国始终都曾经织造过这个品种。

明代以后织造的绒，以福建漳州的最著名，有漳绒、漳缎和天鹅绒几种。漳绒是素绒；漳缎和天鹅绒是花绒，但是漳缎是用提花装置在缎地上起花的，天鹅绒不用提花装置起花，也不是缎地。

阅读链接

丝织物分类原则首先是以织物的组织结构为主要依据，其次是以制造工艺如生织物、熟织物、加捻等为依据，再次是以织物实质上的形状为依据。我国古代丝织物分为纺、绉、绸、缎、绢、绫、罗、纱、绢、葛、呢、绒、绨、锦等14类。

在其定名时，是以产品大类为基本词，并在其前冠以修饰词，其修饰词包括原料种类、工艺特征、织物形态、组织特征和主要用途等，如古香缎、喇叭绸等。如果再加上它的品号，它所用的原料也就清楚了。

古代麻棉纺织业的发展

葛藤和大麻、苎麻的韧皮纤维，是我国古代的重要纺织原料。我们的祖先在利用葛麻之类植物纤维方面，不仅有悠久的历史，而且在技术方面有卓越的创造。

葛和麻都属韧皮植物，它们的韧皮是由植物胶质和纤维组成的。要利用纤维进行纺织，只有先把胶质除掉一部分，使工艺纤维分离出

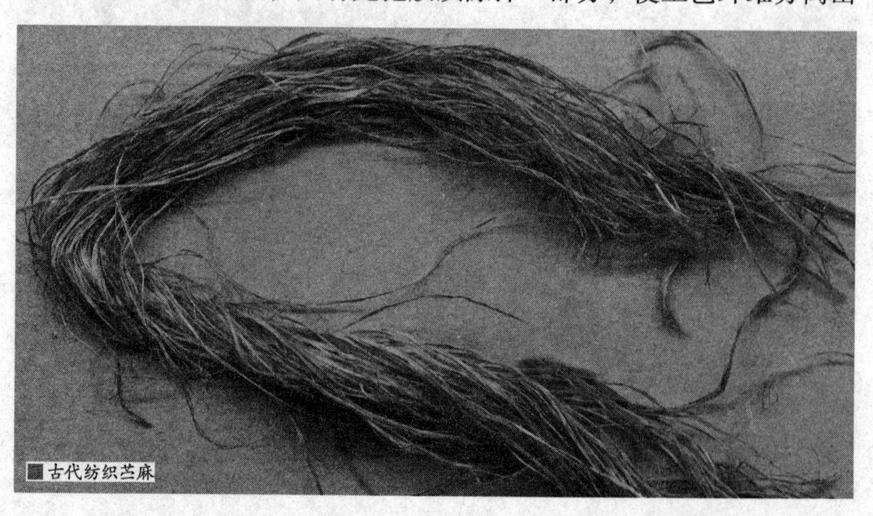
古代纺织苎麻

来才行。这个加工过程叫作“脱胶”。

《诗经·陈风》里有记载：“东门之池，可以沤麻。”“东门之池，可以沤纻。”这说的是大麻和苎麻采用池水沤渍的办法进行脱胶。这是利用池水中天然繁殖的某些细菌能分解麻类韧皮中的胶质，从而起到脱胶作用，工艺纤维也就被分离出来。这种沤渍脱胶方法直到现在仍在农村中使用。

苎麻除用沤渍脱胶外，也可以用煮的办法。但是用煮的办法给苎麻脱胶，水里必须加入石灰等强碱性的物质。我国古人已经知道用蜃灰来炼丝绸了，所以一定也知道用石灰汁可以煮苎麻。

苎麻除用沤、煮脱胶外，在宋元时期又创造了半浸半晒的新方法。加工过程是把用石灰水煮过的麻缕以清水洗净后，摊在铺在水面的竹帘上，半浸半晒，日晒夜收。

■麻布绞缬彩绘菱格纹幡

由于半浸半晒，日光紫外线和水起界面反应，放出臭氧，把纤维中的杂质和色素去除，这就起到了漂白的作用。此外，还有用硫黄熏蒸的方法来漂白葛麻织物的。

韧皮纤维 韧皮部的组成部分之一，由两端尖地细长细胞构成，质柔韧，富于弹力。大多数树木和亚麻等具有网状脉叶子的显花植物，茎部的木质化柔软纤维，可用于纺织或制绳。商业用韧皮纤维有亚麻、大麻、黄麻、槿麻、苎麻、玫瑰纤维和菽麻等。

我国除中原地区发展葛麻纺织生产外，一些少数民族地区也精于纺制苎麻布。如闻名西南的阑干细布，织成的图案如绫锦，五彩缤纷。此外，著名的蜀布也曾经运销到印度并且转输到中亚、西亚一带。

唐宋以后，苎麻织物加工更是丰富多彩。如浙江诸暨的“山后布”，就是“皱布”，所用的麻纱专门加了强拈，织成的布精巧纤细。如果放入水中，由

■苎麻布衣

滑石粉 为白色或类白色、微细、无沙性的粉末，手摸有油腻感。无臭，无味。具有润滑性、抗黏、助流、耐火性、抗酸性、绝缘性、熔点高、化学性不活泼、遮盖力良好、柔软、光泽好、吸附力强等优良的物理、化学特性。可以药用。

于吸水收缩而形成米粒一样的“谷纹”来。又如南宋静江府，在织布前把苎麻纱用调成浆状的滑石粉上浆，这样织出的布又厚实又坚牢。

此外，当时广西邕州地区（即南宁地区）生产一种名叫“练子”的苎麻布，据《岭外代答》介绍说，用它“暑衣之，轻凉离汗者也”，“一端长四丈余”，“而重止数十钱”，卷起来放到小竹筒里“尚有余地”，可见它精细至极。

到了清代，广东和湖南地区又生产一种用苎麻纱和蚕丝交织而成的“鱼冻布”，这种布“柔滑而白”，并且“愈洗愈白”。

我国盛产的葛麻纺织品，随着棉花的广泛种植和利用，便逐渐失去了它先前的地位。但是大麻到清光绪年间还被美国专门从我国浙江移植到肯塔基州，成为麻纺织工业的原料之一。

苎麻这种被誉为“中国草”的纺织原料，大量出口到欧、美各国，到现在也仍旧驰名中外。它的纺织产品夏布也运销到世界各地。

我国古代的棉纺织起于宋代，棉花是从印度传入我国的。北宋时，棉花在两广和福建普遍种植，南宋时推广到长江流域。

当时南方种植的棉花是从东南亚一代传入的木

棉，结桃多，产量高。福建一代有“木棉收千株，八口不忧贫”的说法。棉花逐渐成为两宋时期重要的经济作物，这为棉纺织业的兴起创造了条件。

两宋时期已经有一套擀、弹、纺、织的棉纺织工具。比如宋代人的《纺车图》和出土的南宋棉毯，体现了当时高超的棉纺织技术。由于棉纺织业兴起的时间不久，棉纺织品在当时的衣料中还不占主要地位。

黄道婆（1245年—1330年），又名黄婆、黄母。松江府乌泥泾镇人。宋末元初知名的棉纺织家。曾师从黎族人学会运用制棉工具和织崖州被的方法。由于传授先进的纺织技术以及推广先进的纺织工具，而受到百姓的敬仰。清代时被尊为布业的始祖。

在元代，随着棉花的大面积种植以及棉纺织技术的发展，棉纺织也兴盛起来。棉布逐渐成为全国人民主要的衣着材料。

元代的棉纺改革家黄道婆，是我国历史上杰出的棉纺织家。她将海南岛黎族的棉纺织技术在乌泥泾传授开来，乌泥泾一带织出的崖州被褥面料便以“乌泾被”名闻各地。

■黄道婆画像

黄道婆还改进了当时的棉纺织工具，其中有手摇两轴轧挤棉籽的搅车，有竹身绳弦的四尺多长的弹弓，有同时可纺三锭的脚踏纺车，有同时可绕8个棉纴的手摇纺车等。在黄道婆传授和改进技术的基础上，乌泥泾及其周围地区的棉纺织业很快在全国处于领先地位。后来又逐渐传播到长江中下游的广大地域。

在明代，棉布生产进一步发展，呈现出取代价昂的丝织品和产量少的麻制品的趋势。明代《天工开物》的作者宋应星说，“凡棉布寸土皆有”，“织机十室必有”。棉纺织业在江南的松江地区十分发达，被誉为“以棉布衣被天下”。

松江府 是我国元代设立的地区行政建制区，曾主要属吴郡（即今苏州）、秀州（即今浙江嘉兴）、南直隶，清末废止。其地域在今上海、苏州河以南地区。松江府的府治在今上海市松江区中山街道松江二中附近。

棉纺业使用的加工工具有明显的改进。棉花去籽工具的搅车，原来需两人操作，晚明时只用一人。当时的科学家徐光启在《农政全书》中说：

> 今之搅车，以一人当三人矣，所见句容式，一人可当四人，太仓式两人可当八人。

明末的纺纱车，改进元代以来的三维纺车为四維乃至五維纺车，大大提高了纺棉纱的功效。

■古代莲花纹棉布

棉纺业的发展与明代棉花种植面积扩大、产量提高有直接的关系。据记载，上海至太仓是一个大产棉区，也是一个商品棉花的集散地。明万历年间，富户陈积的棉花如山。此时，棉花大面积种植在山东、河南地区，而且北方产品已经向南方倾销。南北棉花产量的激增，直接促使棉纺业的发展。

黄道婆的纺车

明清以来，农家小户还多是手摇单锭小纺车，棉纺发达地区单人纺车仍以“三锭为常”，技艺高超的松江府纺妇“进为四锭”。清末，在拈麻用“大纺车”的基础上，创制出多锭纺纱车，成为我国手工机器纺纱技术的最高峰。

明代棉布产量较多，除自足之外尚可出口。清代后期“松江大布”、“南京紫花布”等名噪一时，成为棉布中的精品。

阅读链接

元代学者所写《木棉歌》中的诗句描写了当时江南农村中家庭棉纺织手工业的景象：“尺铁碾去瑶台雪，一弓弹破秋江云。中虚外泛搓成索，昼夜踏车声落落。”

棉花种植的推广和棉纺织技术的改进是13世纪、14世纪我国经济生活中的一件大事。它是当时社会生产力发展的一个标志，改变了中国广大人口衣着的物质内容，改变了中国农村家庭手工业的物质内容，这对以后我国社会经济的发展和变化具有重大的影响。

我国古代民间的布艺

布艺即指布上的艺术，是我国民间工艺中的一朵瑰丽的奇葩。是以布为原料，集民间剪纸、刺绣、制作工艺为一体的综合艺术。

我国古代的民间布艺主要用于服装、鞋帽、床帐、挂包、背包和其他小件的装饰、玩具等。这些生活日常用品不仅美观大方，而且增

清代绣花凉帽

■挑花手巾

强了布料的强度和耐磨能力。

“图必有意，意必吉祥。”我国民间布艺多用一些象征性的图形。花卉、虫鸟、植物等表达祈盼吉祥，趋吉避凶的美好愿望；老年人的用品多用“福、禄、寿”题材，祝愿老人健康长寿；儿童用品常用老虎、“五毒”等图案，以辟邪镇恶，希望小孩子像小老虎一样健壮；新婚夫妇用品喜欢用鸳鸯戏水、莲生贵子、鲤鱼闹莲图案，期盼家庭美满，多子多福；姑娘送给情郎定情香包、手帕等，以蝴蝶翩翩起舞之形或并蒂莲花图案，含蓄地表达隐藏在姑娘心底的秘密，针针线线都饱含爱慕之情。

我国古代的布艺主要有绣花、挑花、贴花等。缝纫刺绣在我国民间被称为“女红”，勤劳智慧的我国古代妇女将自己美好的情感倾注入针缝制之中，风格或细腻纤秀、淡洁清雅，或粗犷豪放、色彩鲜明，创

五毒 是指蝎子、蛇、蜘蛛、蜈蚣、蟾蜍。5种毒物是民间盛传的一些害虫。谷雨节流行禁杀五毒的习俗。谷雨以后气温升高，病虫害进入高繁衍期，为了减轻虫害对作物及人的伤害，农家一边进行田间灭虫，一边张贴谷雨贴，进行驱凶纳吉的祈祷。这一习俗在山东、山西、陕西一带十分流行。

敦煌壁画 包括敦煌莫高窟、西千佛洞、安西榆林窟，共有石窟552个，有历代壁画5万多平方米，是我国也是世界上壁画最多的石窟群，内容非常丰富。敦煌壁画是敦煌艺术的主要组成部分，规模巨大，技艺精湛。其形式多出于共同的艺术语言和表现技巧，具有共同的民族风格。

造出了无数动人心弦的布艺作品。

绣花的针法很多，有铺针、平针、散针、打子、套扣、盘金，辫绣、锁绣等。绣花以地域、风俗的不同也分不同的风格与流派。南方地区的织绣历史比北方长，技术较北方高，风格细腻雅洁；北方用针较粗，配色亮丽。

挑花是我国一种古老的传统刺绣工艺，它分布广泛，其中湖北黄梅挑花发源最早、最具代表性和影响力，在我国挑花工艺发展史中占主导地位，因此“黄梅挑花”也是各挑花的代表和统称。

黄梅挑花又名“十字挑花”、“十字绣”，起源于唐宋，兴于明清。元明时期，黄梅挑花经土耳其传到欧洲，其针法、图案、花色在欧洲得到进一步发扬。黄梅挑花因以“十”字交叉针法为主，故被欧洲称为

■古代民间刺绣八仙

挑花背扇

"十字绣"。

最早的十字绣是用从蚕茧中抽出的蚕丝线在动物毛皮的织物上刺绣，这种十字绣被人们用来装饰衣服和家具。由于各地的文化不尽相同，随着时间的推移，都形成了各自的风格，绣线、面料的颜色、材质都别具匠心。

十字绣用于服装、服饰，早在唐代时期敦煌壁画中就出现了，其中"云肩"最具代表性。"云肩"在隋唐、元代等时期，只有皇宫贵族上流社会人士方可使用，其中图像有"四合如意""福庆如意"等。在产品上有"云肩"绣包及儿童用的围嘴等。

布艺产品类别分为荷包类，包括烟荷包、香荷包、腰荷包、杂宝抱肚荷包，还有扇套、扇袋、帕袋、眼镜盒、饰品盒等盒类，多为达官贵人、文人墨客之用。从含义上多为爱情、多子多福平安、吉祥、如意等。

在日用品方面，古代布艺被用于门帘、帐挂、枕头、抱枕、画卷

布贴平绣背扇

等日用品上。

十字绣要求严格地按照面料经纬纹路，挑绣等距离、等长度的“十”字，排列成各种花纹图案的刺绣形式，有独特的变形吉祥几何纹装饰风格。刺绣时不伤布丝，能加强布料的耐磨损强度。这是民间刺绣中最早广为流传的一种针法。

布贴花是用小块的不同颜色布料拼接而成各种图案的刺绣手法，又称“补花”。古代民间有给孩子穿“百家衣”的习俗，即向乡邻收集各种颜色布料拼制童衣，取百家保护、护佑平安之意。

古代民间布艺代代相传，表现出作者对生活的理解和渴望，倾注了人们无尽的智慧，具有鲜明的艺术特色。当然，传统布艺手工和现代布艺家具之间设有严格的界限，传统布艺也可以自然地融入现代装饰中。

阅读链接

布艺家具在现代家庭中越来越受到人们的青睐，它柔化了室内空间生硬的线条，赋予居室一种温馨的格调：或清新自然，或典雅华丽，或高调浪漫。布艺装饰包括窗帘、枕套、床罩、椅垫、靠垫、沙发套、台布、壁布等。

布质家具具有一种柔和的质感，且具有可清洗或更换布套的特点，无论是清洁维护还是居家装饰都十分方便并富于变化性。除全布质家具外，布材常与藤材或纸纤搭配运用，让使用者更舒适，并使藤质与纸纤的色彩更丰富多变。